아이가
상처받지 않는
대화법

KODOMO O HITEI SHINAI SHUKAN
by Kentaro Hayashi

Copyright ⓒKentaro Hayashi, 2024
All rights reserved.
Original Japanese edition published by FOREST Publishing Co., Ltd.
Korean translation copyright ⓒ2025 by Poten-up Publishing Co.
This Koean edition published by arrangement with FOREST Publishing Co., Ltd., Tokyo,
through Office Sakai and BC Agency.

* * *

최소한 부정하는 말만 버려도
놀라운 일이 벌어진다

아이가
상처받지 않는
대화법

하야시 겐타로 지음 | 민혜진 옮김

포텐업

내가 상담했던 직장인 중
평소에 자신감이 없고 적극적으로
행동하지 못해서
사회생활과 인간관계가
힘들다고 토로하는 한 남자가 있었다.

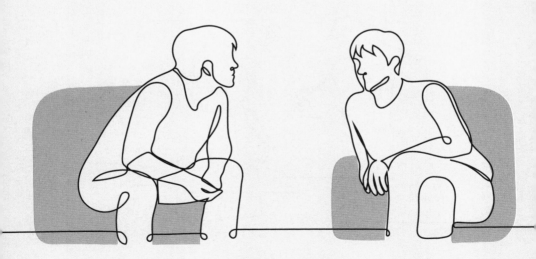

그런데 그와 오랜 기간 동안
상담을 하다 보니 그 모든 문제의 원인이
어린 시절 아버지가
그에게 던졌던 한 마디 말이
결정타였다는 걸 알게 되었다.

그 말은 바로 이 한 문장이었다.

"넌 뭘 해도
잘 못하니까
눈에 띄게 행동하지 마."

이 한 문장은 그의 가슴에 들어와 콱 박혀
평생을 따라다녔다.

그는 애써 아버지의 말을
머릿속에서 지우려고 해봤지만,
어느새 그 말에 동일시되어
스스로를 고문하는 사람이 되어버렸다.

'나는 뭘 해도 잘 안 돼.'

'사람들 눈에 띄어서 좋을 게 없잖아.'

아버지는 아들에게
객관적인 조언을 해준답시고
무심코 던진 말이지만, 아들의 머릿속에
객관적인 판단은 입력되지 않는다.
단지 부정적인 자아상만 강화될 뿐이다.
이를 심리학 용어로는
'극단적 추상화'라 부른다.

아이에게
부정적인 말을 던지는 건
이렇게도 무서운 일이다.

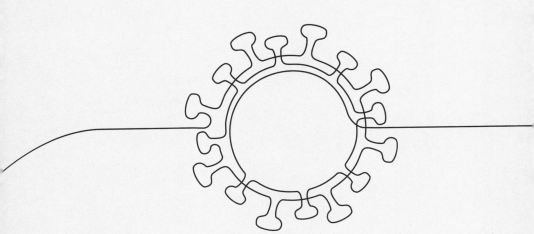

아이의 말을 부정하지만 않아도 놀라운 일이 벌어진다

부정하지 말라는 건 혼내지 말라는 것이 아니다

먼저 이 책을 선택해주셔서 진심으로 감사합니다. 당신이 이 책을 고른 이유는 한 번쯤 이런 고민을 했기 때문일 겁니다.

> '아이에게 조금 더 자신감과 자기 긍정감을 길러주고 싶다.'
> '아이가 지금보다 더 자율성을 가지고 행동했으면 좋겠다.'
> '아이랑 더 좋은 관계를 맺고 싶다.'

'아이가 나날이 성장하는 건 기쁘지만, 가끔씩 버릇없이 굴고 말을 안 들어서 짜증이 날 때가 있다.'
'지금껏 하던 대로 아이를 키우는 게 맞는지 불안하다.'

만약 이 중 한 가지라도 생각해본 적이 있다면 이 책은 도움이 될 겁니다. 아이의 자기 긍정감과 자율성을 키워주는 방법을 담았으니까요.

안녕하세요. 부정하지 않는 커뮤니케이션 전문가, 하야시 겐타로입니다.

저는 국내외 다양한 업종과 업태의 기업, 리더와 직장인을 대상으로 코칭을 하고 있습니다. 상사와 부하 직원의 역량 개발, 조직 관리뿐 아니라 다양한 인간관계에서 벌어지는 갈등을 해결하기 위한 대화 코칭도 진행 중입니다. 그런 제가 왜 육아와 관련된 글을 쓰게 되었을까요?

지금 두 아이를 키우고 있기 때문이기도 하지만, '아이를 키우는 일'과 '부하 직원을 육성하는 일'에는 공통점이 많기 때문입니다.

한 사람이 성장하는 데 가장 큰 영향을 미치는 존재는 바로 양육자입니다. 양육자가 아이와 어떤 커뮤니케이션을 나누는지, 구체적으로 어떤 칭찬을 하고, 어떤 말로 혼내고, 어떤 리액션을 해주는지, 어떤 분위기를 조성하는지에 따라 아이의 미래는 달라질 수 있습니다.

아이가 양육자와 좋은 관계를 맺으면 자기 긍정감을 갖게 되고 점점 자신 있는 한 인간으로 성장할 수도 있지만, 그 반대의 경우에는 열등감과 자기혐오에 시달리며 인생이라는 긴 여정에서 헤맬 수도 있습니다.

그런데 이런 메커니즘은 직장에서도 똑같이 벌어집니다. 사적 인간관계든 사회적 인간관계든 좋은 관계의 출발은 '존중'이기 때문이죠. 저는 이 세상 모든 인간관계의 첫 번째 키워드는 '상대의 말을 부정하지 않는 것'이라고 생각합니다. 흔히들 관계를 위해서는 칭찬이 중요하다고들 합니다. 물론 맞는 말입니다. 하지만 오랫동안 대화 코칭을 한 제 경험에 비추어봤을 때 칭찬보다 더 중요한 것은 '부정하지 않기'입니다. 그만큼 많은 사람들이 자기도 모르는 사이에 무심코 상대방을, 자신의 아이를 부정하고 있기 때문입니다. 스스로 자각하지 못할 뿐이죠. 단지 부정하는 것만 멈춰도 관계는 회복되기 시작합니다. 이런 말을 하면 꼭 이렇게 반문하는 분들이 있습니다.

> '부정하지 말고 뭐든지 "괜찮아, 괜찮아"라고 받아주
> 라는 건가?'
> '아무것도 모르면서 아는 체하기는. 부정하지 않고 어
> 떻게 아이를 키울 수 있겠어!'
> '주의를 주거나 화를 내면 안 된다고? 그럼 아이가 버
> 릇없이 자랄 거 아냐!'
> '지금 무슨 말을 하는 거야. 잘못을 하면 혼내고 훈육하
> 는 게 부모 역할이지!'

육아에 대해 진지하게 생각하는 사람일수록 이런저런 불
만을 토로하고 싶을 겁니다. 실제로 제가 '부정하지 않는 습
관'을 주장했더니 많은 분들이 제 의견에 의문을 제기하셨습
니다. 또 그런 말씀들도 언뜻 보기에는 모두 일리가 있었습니
다. 아이를 키우다 보면 혼내거나 주의를 주거나, 지시나 명
령 혹은 부탁을 해야 할 때가 워낙 많기 때문입니다. 그런데
이렇게 훈육을 할 때는 습관적으로 부정적인 말과 행동을 하
기가 쉽죠. 예를 들어볼게요.

"공부해."

"정리해."

이 말은 부정적인 표현일까요? 대부분의 사람들은 부정적 표현이 아니라고 생각합니다. 맞습니다, 물론 아이를 부정하는 말은 아닙니다. 물론 말투에 따라 다르겠지만, 이런 말들은 주의를 환기시키는 말이거나 지시 혹은 명령어입니다. 그럼 다음 대사를 살펴보세요.

"프라모델 같은 거 만들지 말고 공부나 해!"

"치워! 지금 안 치우면 바로 버릴 거야."

"쓸데없는 거 가지고 놀지 말고 집안일이나 좀 도와 줘!"

그렇다면 이런 말들은 어떨까요? 맞습니다. 이 말들은 전부 부정의 언어들입니다. 그런데 이렇게 주의를 주거나 지시 혹은 명령을 내릴 때, 쉽게 부정적인 말이 튀어나오는 이유는 뭘까요? 그것은 양육자의 마음속에 아이가 소중히 여기는 것을 무시하거나 부정하는 마음이 들어 있기 때문입니다. 사실 양육자는 별 뜻 없이 그냥 생각나는 대로 내뱉은 말일 수도 있습니다. 하지만 아이의 마음속에는 양육자에게 부정당했다는 사실만 상처로 새겨집니다.

저의 전작『아무도 상처받지 않는 대화법』에서도 말씀드린 바 있지만, 습관적으로 부정적인 언어를 쓰는 사람들의 대부분은 '상대가 잘되길 바라는 마음'에서 자기도 모르게 부정적인 말을 합니다. 일상생활에서 무의식적으로 아이의 말과 행동, 존재 등을 부정하는 경우는 정말 다양합니다.

자기도 모르게 아이를 부정하는 습관의 예

아이의 말이나 의견을 무조건 부정하거나 마음대로 바꿔 말한다.

아이가 하고 싶은 말을 진지하게 들어주지 않는다.

이야기를 듣고는 있지만, 아이의 눈을 보지 않는다.

비난하는 말투, 단호하고 엄격한 말투를 자주 쓴다.

지적질을 많이 한다.

한숨을 쉬거나 혀를 차는 등 대놓고 기분 나쁘다는 걸 드러낸다.

아이의 의견(하고 싶은 일)을 듣지 않고 자신의 뜻대로만 한다.

아이의 고민이나 망설임을 '사소한 일'로 받아들이고 넘겨버린다.
실수하거나 못하면 혼낸다.
잘하지 못한 이유에 대해서만 계속해서 이야기한다.

바로 이런 말과 행동들이 이 책에서 다루게 될 부정적인 습관들입니다. 그리고 이 책의 주제는 바로 이 한 문장으로 압축할 수 있습니다.

'아이에게 부정적인 말과 행동을 하지 마세요.'

이 말은 아이를 혼내지 말라거나, 아이에게 주의를 주지 말라는 말이 절대 아닙니다.
아이의 존재는 물론이고, 아이가 소중히 여기는 것, 아이의 감정이나 의도, 아이가 처한 상황을 무시한 채 부정하는 말과 행동을 하지 말라는 것입니다.

아이에게뿐 아니라 다른 가족들끼리도 서로를 부정하는 말을 하지 않는 실험을 해보세요. 단지 그렇게만 해도 놀라운 일이 벌어집니다. 집안 분위기가 급속도로 좋아지고 아이의 태도가 적극적이고 도전적으로 바뀝니다. 만약 당신의 집안 분위기가 늘 습관적으로 서로의 말과 행동을 부정하는 문화에 절어 있다면 그 집에는 언제나 큰 위험이 도사리고 있다는 걸 기억해야 합니다.

단지 아이의 말을 부정하지 않았을 뿐인데…

그렇다면 아이에게 부정적인 말과 행동을 하지 않으면 무슨 일이 일어날까요?

> 자기 긍정감과 자존감이 높아진다.
> 자신감이 생긴다.
> 적극적으로 도전한다.
> 긍정적으로 생각하고 행동하며 말한다.
> 아이도 부모도 멘탈이 안정된다.
> 짜증이 줄고 마음의 여유가 생긴다.
> 가족끼리 대화를 많이 하고, 웃는 시간도 늘어난다.
> 집안 분위기가 좋아지고 팀워크가 좋아진다.
> 생각이나 감정을 거리낌 없이 털어놓는다.

숨기는 게 없고, 고민이나 상담을 할 때는 서로 충분히
   이야기를 나눈다.
   습관으로 자리 잡으면 장기적으로도 좋은 가족관계로
   선순환된다.

어떤가요? 단지 아이의 말을 부정하지 않았을 뿐인데도 일
일이 열거할 수 없을 정도로 좋은 일들이 생깁니다.

   '앞으로는 아이의 말과 행동을 부정하지 않겠다.'

마음속으로 이런 결심을 하고 하루하루 실천하다 보면 어
느새 습관이 됩니다.
   만약 당신이 이 책을 계기로 아이에게 부정적인 말과 행동
을 하지 않게 되고, 그래서 아이와의 관계, 그리고 부부관계
가 좋아졌다고 말해준다면 저자로서 그보다 더 기쁜 일은 없
을 겁니다. 부디 끝까지 읽어주시길 바랍니다.

하야시 겐타로

• 차례 •

| 2장 |

아이에게 내 스트레스를 해소하고 있는 건 아닐까?

아이도 나도 상처받지 않는 대화법

| 3장 |

내가 정말 너 때문에 못살아!

상처 주지 않으면서 아이를 혼내는 법

| 4장 |
왜 누가 시키면 더 하기 싫을까?
아이가 알아서 하게 만드는 대화법

| 5장 |
너는 어떻게 하고 싶어?
아이의 자기 긍정감을 높여주는 대화법

|6장|
왜 싫으면서도 닮아가는 걸까?
아이들은 부모의 대화를 보고 배운다

|7장|
내가 행복해야 부정적인 언어도 줄어든다
부모의 감정은 아이에게 그대로 전염된다

1장

스마트폰보다
더 무서운 건
부모의 부정적인 말

부정적인 대화가 아이에게 위험한 이유

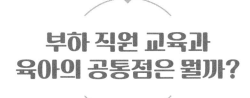

부하 직원 교육과
육아의 공통점은 뭘까?

부하 직원도 아이도 부정당하면
의욕이 떨어진다

앞에서도 얘기했지만 저는 여러 크고 작은 회사 및 조직에서 전문 코칭을 하고 있습니다. 코칭이란 '좋은 경청자'로서 사람들의 고민에 귀를 기울이고, 해결책을 함께 찾아내는 대화법입니다. 최근에는 많은 기업에서 경영자나 비즈니스 리더를 육성하기 위한 인재 개발법으로 코칭을 활용하고 있습니다.

그동안 저는 국내외 기업에서 일하는 2만 명 이상의 경영자와 비즈니스 리더, 직장인을 대상으로 역량 개발을 위한 코

칭을 진행했습니다. 그들은 주로 자신의 직원이나 팀원들과
의 관계에서 비롯된 여러 가지 고민에 대해 털어놓았습니다.

이렇게 코칭 전문가와 두 아이를 키우는 아버지로 살면서
저는 깨달은 바가 하나 있습니다. 바로 '상사와 부하 직원의
관계'가 '부모 자식 관계'와 유사한 부분이 있다는 겁니다. 물
론 차이점도 있지만 저는 비슷한 점에 주목했습니다. 코칭을
전문으로 하는 제가 육아와 관련된 책을 쓰게 된 것은 바로
이런 깨달음에서 비롯되었습니다.

그렇다면 어떤 점이 비슷할까요?

> **상대방의 성장을 독려해야 하는 상황이다.**
> **강제로 시키면 동기 부여가 잘 안 된다.**
> **자신감이 생기면 자발적으로 행동한다.**
> **상대방의 자존감이나 자기 긍정감을 길러주면서도 주**
> ** 의를 줘야 할 때는 확실히 이야기해야 한다.**
> **매일 만나다 보니 똑같은 일이나 비슷한 문제가 반복**
> ** 된다.**
> **중장기적으로 관계를 맺어가는 사이이다.**

어떤가요? 이렇게 쓰고 보니 정말 비슷하지 않나요?

사실 우리의 삶은 부모 자식 관계, 부부관계, 그리고 상사와 부하 직원과의 관계가 어떠냐에 따라 행복도가 현격하게 달라집니다. 똑같은 일, 똑같은 연봉, 똑같은 집에 살아도 이 관계가 어떠냐에 따라 삶의 질에는 엄청난 차이가 있습니다.

이렇게 내 삶을 결정하는 것이 가장 가까운 사람들과의 관계인데 이 안에서 만약 부정적인 커뮤니케이션이 반복된다면 어떻게 될까요? 당연하게도 부정당하는 쪽은 삶에 대한 의욕이 떨어집니다. 그리고 곧 행동과 태도가 부정적으로 변하는 악순환이 일어납니다.

아이러니하게도 이 세 가지 관계 중에서 부정적인 커뮤니케이션 때문에 가장 사이가 나빠지기 쉬운 관계는 바로 부모 자식 간입니다. 그 이유는 간단합니다. 부모와 자식 사이는 끊고 싶어도 쉽게 끊어지지 않는 관계이기 때문이죠.

예를 들어 상사와 부하 직원의 관계는 인사이동을 하면 그 순간부터 끊을 수 있습니다. 게다가 평생직장이라는 개념이 깨진 지 오래됐기 때문에 상사와 사이가 안 좋으면 퇴사하면 그만이라고 생각하는 직원들도 정말 많아졌습니다. 부부관계에서도 이혼이라는 수단이 있죠. 즉 이런 관계들은 마치 생물처럼 언제든지 변할 수 있고, 어느 한쪽이 단호하게 결심한다면 단절될 수도 있다는 뜻입니다.

하지만 부모와 자식의 관계는 끊어내기가 정말 쉽지 않습니다.

특히 아이가 태어난 순간부터 약 20년 동안은 서로 사이가 좋건 나쁘건 밀도 높은 관계가 지속될 수밖에 없는 상황입니다. 아시다시피 인간은 누군가의 경제적 지원과 돌봄 노동 없이는 성인으로 자랄 수 없기 때문이죠. 그러므로 아이 입장에서 보면 최소한 이 시간만큼은 부모를 버릴 수 있는 선택지가 없는 것이나 마찬가지입니다.

물론 요즘에는 아이가 성인이 된 이후 부모와 단절하는 경우도 없지는 않지만, 대개의 경우에는 평생 지속되는 것이 부모 자식 관계입니다.

그렇게 생각해보면 내 삶의 질을 위해서라도 부모와 나 사이, 나와 자녀들과의 사이를 긍정적으로 유지하는 건 정말 중요한 일이겠죠. 이걸 알았다면 남편 혹은 아내가 먼저 나서주기를 바라거나 환경이 바뀌기를 기다리지 마세요. 당신이 부모라면 아이와의 관계에서 어떻게 하면 '긍정의 씨앗'을 만들어갈 수 있을지 스스로 생각하고 노력해보는 것이 중요합니다.

이것만 기억하자!

아이와 긍정적인 관계를 만드는 건
아이를 위한 일이기도 하지만 무엇보다
내 삶의 질을 높이는 일이다.

자기도 모르게
아이에게
부정적인 말을 하는 이유

◆ 다 아이를 위해서 말한 것뿐인데…

왜 사람들은 타인의 말을 쉽게 부정해버리는 걸까요?

다양한 이유가 있겠지만 그중에서 첫 번째 이유는, 특별히 악의가 있어서 그러는 게 아니기 때문입니다.

육아를 할 때는 더욱 그렇습니다. 아이가 잘못을 했을 때, 부모는 아이를 아끼고 사랑하는 마음에서 바로잡아주려고 노력합니다. 그러다 보니 자기도 모르게 부정하는 말을 내뱉고 말죠. 이런 경우가 대부분입니다.

'엄하게 가르치지 않으면 나중에 큰일 난다.'

'안 되는 건 안 된다고 가르쳐서 바르게 이끌어야 한다.'

이런 생각을 하는 부모들이 적지 않습니다. 어떤 분들은 '밖에서 아이가 이런 행동을 하면 가정교육도 제대로 못 받았다'는 소리를 들을까 봐 걱정하기도 합니다. 타인의 평가에 신경 쓰는 거죠.

이렇게 사람들은 대부분 '상대(아이)를 위해서'라는 미명 아래 너무나 쉽게 부정적인 말을 내뱉어버립니다.

예전에 TV 방송 프로그램에 출연해서 '부정'에 대해 설명한 적이 있습니다. 그때 출연할 준비를 하면서 참고 삼아 많은 지인들에게 '지금까지 누군가로부터 부정당한 적이 있는지, 만약 있다면 어떤 부정을 당했는지?'를 물어보고, 그것을 목록으로 만든 적이 있습니다.

그 내용을 다 읽고 나자 저조차도 이런 생각이 들더군요.

'이게 정말 부정한 걸까? 이건 이 사람을 진심으로 생각해서 건넨 선의의 조언이 아닐까?'

이 말인즉슨 듣는 사람은 '부정당했다'고 느끼지만, 사실 말하는 사람은 좋은 뜻으로 이야기하는 경우도 정말 많다는 겁니다.

그렇게 생각해보면 당사자가 부정당했다고 느끼더라도 실제로는 부정이라고 할 수 없는 경우도 많겠죠. 특히 부모가 일부러 악의를 가지고 아이를 부정하지는 않습니다. 그런 경우는 거의 없죠. 그렇다면 도대체 왜 부모들은 자신의 아이에게 부정적인 말을 하는 걸까요?

아이에 대한 애정

'제대로 키워야 한다'는 사명감

'올바르게 가르쳐야 한다'는 의무감

여기서 한 가지를 더 덧붙이자면, '가르치고 싶다'는 욕망, 즉, 내가 아이의 성장에 기여하고 싶다는 욕망을 충족하기 위해서입니다.

애정, 사명감, 의무감, 그리고 기여하고 싶은 욕망.

부모가 자기도 모르는 사이에 아이를 부정해버리는 건 이런 감정들 때문입니다.

내 뜻대로 움직이지 않기 때문에 부정한다

사람들이 타인의 말을 부정하는 두 번째 이유는, 자기 뜻대로 움직이지 않는 것에 대한 딜레마 때문입니다.

상대방이 내 뜻대로 움직이지 않을 때, 사람은 쉽게 감정적이 되거나 짜증을 냅니다. 정말 급한 일이 있을 때나 잠이 부족할 때, 배가 고플 때 등 여유가 없는 상황에서 누군가 내 말을 들어주지 않으면 버럭 화를 내거나 히스테릭한 말과 행동을 하기 십상입니다.

특히 자식을 둔 부모라면 원하든 원치 않든 간에 자식을 제대로 키울 의무가 있습니다. 대부분은 눈앞에서 벌어지는 상황을 통제하고, 아이를 바르게 이끌어야 한다는 생각을 갖고 있죠.

이렇게 애정과 사명감, 의무감을 가지고 말을 건넸는데, 아이가 말을 잘 듣지 않으면 기분이 언짢거나 화가 치미는 건 어쩌면 당연한 일일지도 모릅니다.

특히 책임감이 강하고 완벽주의적인 사고를 가진 사람이라면 아이가 내 뜻대로 움직이지 않을 때 짜증이 솟구칠 수도 있습니다.

그런데 내 뜻대로 되지 않는다고 해서 아이에게 심한 말을 하거나, 감정에 지배되어 분노를 표출하는 것은 위험합니다. 한번 이런 말과 행동을 하게 되면 점점 심해지는 경향이 있기 때문이죠. 그러다 만약 습관으로 고착화되면 일상적으로 부정적인 언어를 남발하게 되니까요.

어떤가요? 여러분도 한 번쯤은 이런 경험을 한 적이 있지 않나요? 만약 그랬다고 해도 괜찮습니다. 오늘부터 '아이를 부정하지 않는 습관'을 들이면 됩니다. 그렇게 하는 것이 아이도 나도 상처받지 않는 비결입니다. 자 이제부터 어떻게 하면 이런 습관을 몸에 익힐 수 있을지 하나하나 저와 함께 알아보시죠.

이것만 기억하자!

아이러니하게도 많은 부모들은
아이의 말을 부정하면서도 그것이
아이를 위해서 하는 말이라고 착각한다.

자존감이 떨어지고 주눅이 든다

인간은 자존감이 떨어지면
스스로 생각하는 일을 중단한다

먼저 여러분에게 알려드리고 싶은 점이 하나 있습니다. 아이는 부정당하면 제대로 성장하지 못한다는 겁니다.

이것은 단편적인 저의 의견이 아닙니다. 그동안 수없이 많은 경영자와 직원, 상사와 부하 직원의 관계를 지켜본 경험에서 우러나온 직언입니다.

가정뿐 아니라 직장에서도 마찬가지입니다. 상사에게 부정당하는 일이 자꾸 반복되면 부하 직원은 제대로 성장하지 못합니다.

예를 들어 어떤 직장인이 매일같이 상사한테 혼나고 질책 당하고, '이거 해라 저거 해라'는 지시만 받고, 자신이 하는 말과 행동을 모두 부정당한다면 어떻게 될까요?

그 사람은 우선 자신감을 잃습니다. 그리고 그렇게 되면 스스로 생각하는 일을 하지 않게 됩니다. 말수가 줄어듭니다. 새로운 일에 도전하지도 않습니다. 이 정도로 끝나면 괜찮지만, 심리적으로 불안정해지거나 건강이 나빠질 수도 있습니다. 그러면 회사에 가기 싫어지고, 상사를 만나거나 그 상사와 이야기하는 것도 점점 피하게 됩니다. 심한 경우에는 우울증에 걸리거나 회사에 출근하지 않을 수도 있습니다.

여러분도 한번 생각해보세요. 자신이 혹시 회사에서 만났던 별로 좋지 않은 상사와 비슷한 행동을 아이에게 하고 있지는 않은지 말이죠. 아이를 자주 혼내고, 끊임없이 간섭하고, 아이가 하는 말이나 행동을 틀렸다고 지적하면 그 아이는 자신감뿐 아니라 자존감까지 떨어지고 주눅이 듭니다. 이것이 바로 부정적인 대화가 아이에게 위험한 첫 번째 이유입니다.

'부모와 자식 사이에는 애정이 있기 때문에 부정을 해도 괜찮다.'

'아이는 아직 천진난만하고, 그런 사소한 일은 기억하지 못할 테니까 괜찮다.'

이렇게 단순하게 생각하는 분들도 있을 겁니다. 하지만 부모 자식 관계이기 때문에, 가족이기 때문에 오히려 더 복잡하고 더 위험한 측면이 있습니다. 앞서도 이야기했지만 부모 자식 관계는 쉽게 끊을 수 없기 때문에 더 그렇습니다.

부모 입장에서도 아무리 자기 삶이 힘들다고 해도 자기 아이를 다른 가정에 보내는 일은 흔치 않습니다. 자기가 낳은 아이는 영원히 자기 핏줄입니다. 아이 입장에서도 부모가 자기 맘에 들지 않는다고 해서 다른 부모로 바꿔달라고 할 수는 없는 노릇입니다. 양쪽 사이는 이렇게 필연의 관계이기 때문에 영원히 그 역할에서 벗어나기가 힘듭니다. 물론 어떤 경우에는 서로 연을 끊는 경우도 있지만, 부모 자식 관계는 법적으로도 끊기 쉽지 않습니다.

업무적으로 만난 관계와 달리 부모와 자식 사이는 일단 태어나면 평생에 걸쳐 이어집니다. 그러므로 '한두 번 부정한다고 해서 지대한 영향을 끼치지 않는다'고 말할 수가 없는 거죠.

그래서 부모가 무심코 내뱉은 사소한 말 한마디는 엄청난 위력이 있습니다. 특히 아직 자아상이 정립되지 않은 어린 나이에 부정당하는 이야기를 반복적으로 듣게 되면 아이는 큰 심리적 내상을 입게 됩니다. 이런 심리적 내상은 평생 그 아이의 마음속에서 치유되지 않는 경우도 많기 때문에 가볍게 봐서는 안 됩니다.

어떻게 하면 당장 아이의 행동을 바꿀 수 있을까?

자, 여러분은 어떤가요? 무심코 아이에게 부정적인 말을 던지지는 않았나요? 아이의 취향이나 선택을 존중하는 게 아니라 매섭게 평가하는 말로 상처 주지는 않았나요?

만약 현재 아이와 서먹한 관계라면 언제부터 그렇게 되었나요? 만약 지금 그런 상황이라면 관계를 개선하는 방법은 단 하나뿐입니다.

그것은 부모가 먼저 관계 방식을 바꾸는 겁니다.

말 걸기
말투

행동

태도, 시선

집안의 분위기

가족과 어떻게 지내고 싶은지 의견 물어보기

이런 요소들 하나하나를 의식하면서 아이와 관계를 맺는 것이 중요합니다.

요즘은 미디어에서도 육아 프로그램이 많습니다. 많은 부모들이 이런 프로그램에 출연해서 '공부를 안 한다, 성적이 안 오른다, 물건을 잘 잃어버린다, 말을 잘 안 듣는다' 같은 고민을 털어놓으며 어떻게 하면 아이의 말과 행동을 바꿀 수 있는지를 전문가에게 묻습니다. 그런데 이것은 결과만을 중시하는 잘못된 태도입니다. 아이가 바뀌기를 기대하기 이전에 자신이 아이와 어떤 관계를 맺고 있는지를 먼저 생각해보는 것이 중요합니다.

이런 현상은 직장에서도 마찬가지입니다. 경영자나 리더들도 상품 개발이나 영업 수단, 마케팅 방법, 이노베이션을 일으키는 방법 등등에 대해 몰두하면서 '어떻게 하면 당장 매출을 올릴 수 있을까?'만을 생각하기 바쁩니다. 조직 내의 인간관계와 분위기가 긍정적인 아이디어와 자발적인 행동을

이끌어내고 그것이 결국 기업의 혁신과 매출 성장으로 이어
진다는 연구 결과가 나온 지 이미 오래됐지만 아직도 매출에
만 집착하는 경영자는 수두룩합니다.

만약 지금 당장 아이의 행동을 바꾸고 싶은 욕망에 사로잡
혀 있다면 당신은 지금 당장 매출이 오르기를 바라는 사장과
다를 바 없는 사람입니다. 회사에 나가서는 그런 사장 때문에
힘들어하면서 집으로 돌아와서는 내 아이에게 똑같은 행동
을 하고 있지는 않은지 한 번쯤 되돌아보세요.

이것만 기억하자! 아이가 당장 바뀌기를 기대하는
부모의 마음은 당장 매출이 오르기를 바라는
사장의 마음과 똑같다.

부정적인 대화가 아이에게 위험한 이유②

스스로 생각하지 못하는
아이가 되어버린다

똑같은 지시어도 말투가 거칠어지면
부정어로 변질된다

부모가 자꾸 부정적으로 말하면 아이는 어떤 행동을 할 때마다 두려워지고, 마침내 스스로 생각하는 걸 포기합니다. 다시 말해 스스로 생각하지 못하는 아이가 되어버리는 거죠. 이것이 부정적인 대화가 아이에게 위험한 두 번째 이유입니다.

"잠깐! 문을 열었으면 닫아야지!"
"장난감을 가지고 놀았으면 치워야지!"

"저번에도 가게에서는 조용히 하라고 했잖아! 몇 번을
   말해야 알아들을래!"
"또 밥을 엎질렀어? 언제쯤 밥을 깨끗하게 먹을 건
   데!"

아이를 키우다 보면 분명 훈육을 해야 하는 순간이 있습니
다. 그때 부모는 아이를 통제하려는 듯한 말투로, 지시·명령
을 할 수도 있습니다. 아이를 올바르게 훈육하려면 지시·명
령이 꼭 필요할 때도 있거든요.

앞서서 제가 '공부해', '정리해'라고 지시·명령하는 건 부
정이 아니라고 말씀드렸는데, 경우에 따라서는 부정이 될 수
도 있습니다. 소리를 지르거나, 하지 않은 일이나 못한 일을
비난하는 말투로 이야기하는 것은 부정하는 행위입니다.

상사와 부하 직원을 떠올리면 쉽게 이해할 수 있습니다. 상
사가 부하 직원에게 지시·명령하는 건 당연한 일이죠. "이
것 좀 해줘요", "내일까지 자료 정리해서 제출해주세요"라고
말하는 것은 부정이 아닙니다. 그럼 어떤 게 부정어일까요?

"이거 하라고 했잖아!"
"지금 뭐 하는 거야! 도대체 언제 할 건데?! 이거 완전

월급 도둑이잖아?”

“우리 노는 거 아니고 일하는 거야! 그러니까 정신 차
리고 일 좀 똑바로 해!”

이런 말들은 어느 모로 보나 부정어입니다. 똑같은 지시·
명령이라도 표현이나 말투가 거칠어지면 부정어로 변질됩
니다.

다시 아이 이야기로 돌아갈게요.

부모가 “똑바로 해!”, “몇 번을 말해야 알아들을래!” 등 엄
격한 말투로 혼내듯이 지시·명령을 계속하면, 아이는 부모
가 시키니까 마지못해 합니다. 이런 상황을 반복적으로 겪으
며 자란 아이는 어떤 생각을 할까요? 잠시 생각해보세요.

‘내가 생각하고 결정하는 것보다 부모님이 하라는 대로
하는 게 더 편하다.’

분명 이런 생각을 하지 않을까요? 그러면 아이는 스스로
판단하고 결정하는 것을 포기하고, 부모의 의견에 순응하며,
결국에는 부모의 지시만을 기다리는 수동적인 인간이 됩니
다. 이렇게 단언하면 지나친 표현일까요?

"당신의 자녀가 어떤 어른이 되기를 바라십니까?"라고 물어보면 많은 부모들은 "뭐든 자율적으로 판단하고, 행동하고 자기 의지가 확고한 어른으로 자랐으면 좋겠어요"라고 대답합니다. 이 바람을 이루려면 긍정적인 말투로 아이를 격려하고, 아이가 스스로 생각하고 행동할 수 있도록 충분히 기다려주는 게 중요합니다.

그런데 이걸 알면서도 실제로는 그러지 못하고, 오히려 자신의 바람과는 정반대로 자라도록 자꾸 아이를 부정하는 분들이 생각보다 많더군요.

앞에서도 이야기했듯이 '제대로 키워야 한다'는 사명감 때문에 야단치거나, 내 뜻대로 움직이지 않기 때문에 짜증을 내는 분들도 많습니다. 이런 분들은 자신이 부정적인 커뮤니케이션을 한다는 사실조차 쉽게 알아차리지 못하죠.

"~해!"
"~하면 안 돼!"
"넌 언제쯤 할 수 있는데!"

아이를 키우면서 이런 대사를 아예 하지 않는 것이 얼마나 어려운 일인지는 저도 잘 알고 있습니다. 하지만 무심코 아이에게 부정어를 남발하지 않으려면 아침에 일어나서 밤에 잠들 때까지 내가 아이에게 '부정적으로 지시·명령하는 말을 몇 번이나 했는지'를 체크부터 해보세요. 이렇게 자신의 말투를 의식하는 습관을 들이세요. 부정하지 않는 습관을 기르려면 먼저 자신의 말과 행동을 알아차리는 게 중요합니다.

아이의 말과 행동을 지배하려고 하면
아이는 '생각하는 인간'으로 자라지 못한다.

부정적인 자아상을 만든다

부모의 말 한마디,
평생의 트라우마가 될 수도 있다

부정적인 대화가 아이에게 위험한 세 번째 이유는, 아이에게 평생의 트라우마로 남을 수 있기 때문입니다. 사실 부정적인 말을 던지는 건 모든 인간관계를 망치는 지름길입니다.

무심코 상대를 부정하는 말을 던졌을 때, 그 말을 한 사람은 금방 잊어버리지만 듣는 사람에게는 평생 기억에 남는 경우도 많습니다. 또 자아상이 견실한 성인이라면 무슨 말을 들어도 한 귀로 흘릴 수 있고 또 한 번 꿍하고 난 뒤 넘어갈 수도 있지만, 아이들의 경우에는 다릅니다. 아이에게 부모라는 존재는 하나의 큰 우주이자 세계이기 때문에 자칫 잘못하면 말 한마디만으로도 평생의 트라우마가 될 수 있습니다.

'에이, 트라우마라니 너무 과장하는 거 아니야……'

이렇게 생각하는 분들도 있을 테니 달리 표현해볼게요. 누군가가 내뱉은 부정적인 말 한마디가 그 사람의 신념이나 자아상으로 굳어질 가능성이 있다면 어떨까요?

자아상이란 '나는 ○○한 인간이다'라는 인식이 내면에 고정되는 걸 말합니다. 즉 자아상은 '스스로에 대한 자기 인식'입니다. 그런데 인간은 사회적 동물이기에 타인에 의해 어떤 자아상이 서서히 굳어진다는 사실이 무서운 지점입니다.

한 가지 예를 들어볼게요. 제가 코칭했던 직장인 중에서 평소에 자신감이 없고, 적극적으로 행동하지 못해서 고민하는 분이 있었습니다. 그런데 상담을 꾸준히 진행하면서 그 원인을 찾다 보니 어렸을 때 아버지가 자신에게 했던 말이 결정적 영향을 미쳤다는 걸 알게 되었습니다. 그 말은 바로 이 한 문장이었습니다.

"넌 뭘 해도 잘 못하니까 눈에 띄게 행동하지 마."

이 경우가 바로 부모의 말이 평생의 트라우마가 된 대표적인 사례입니다. 물론 사람이 살면서 늘 긍정적인 말만 들을 수는 없습니다. 살다 보면 수많은 사람들을 만나게 되고 벽에 부딪히는 과정에서 수많은 부정을 경험하게 됩니다. 하지만 어린 시절 부모에게 이런 말을 듣는 경우가 가장 위험한 케이스입니다. 이때 이 한 문장은 단지 스쳐 지나가는 말이 아니라 아이의 가슴에 콱 박혀 평생의 행동과 삶의 방식을 지배할 수도 있기 때문입니다. 이런 말을 들은 아이는 아버지의 말에 동의하지 않을지라도 내면에 이런 자아상이 싹트게 됩니다.

'나는 뭘 해도 잘 안 돼.'
'사람들 눈에 띄어서 좋을 게 없잖아.'

아이의 내면에 이런 생각의 싹이 뿌리를 내리면, 그는 자신의 존재를 스스로 부정하고, 어느 곳에 가도 사람들 눈에 띄지 않으려고 애쓰는 사람이 되어버립니다. 정말 자신이 하고 싶은 일을 찾았다고 해도 적응하지 못하고 쉽게 그만두곤 합니다.

"저런 말은 너무 심한데요. 저는 아무리 그래도 아이한테 저런 심한 말은 안 해요."

많은 부모들이 이렇게 생각합니다. 하지만 찬찬히 생각해보면 자기도 모르게 아이에게 부정적인 말을 꽤 자주 한다는걸 금방 알게 될 겁니다.

예를 들어 학예회 준비를 하는 아이가 율동을 못 외워서 고민하면 "너는 (율동을) 잘 못하니까 (친구들한테 방해가 되지 않도록 무대에서) 너무 눈에 띄지 마"라고 말합니다. 아침에 스스로 잘 일어나지 못하는 아이에게 "이렇게 게을러서 커서 뭐가 되려고 이러는 거야"라고도 말합니다.

비록 부모 입장에서는 객관적인 조언이 필요한 상황이라고 판단해서 내뱉은 말일지라도, 아이의 머릿속에는 그런 자세한 상황은 기억에 남지 않고 단지 이런 자아상만 강화될 뿐입니다.

'나는 율동을 잘 못하니까 눈에 띄지 않는 게 낫다.'
'나는 게으른 사람이니까 아침에 못 일어난다.'

이를 '극단적 추상화'라고 부릅니다. 아이들에게는 이런 현상이 일어나기 쉽고, 때로는 마음에 깊이 새겨져 어른이 되어도 트라우마로 남을 수 있습니다.

　바로 이런 이유 때문에 아이를 부정하는 대화가 무서운 겁니다.

◆ 어린 시절 부모의 말을
　성인이 되어서도 잊지 못하는 사람들

어린 시절 저는 어머니와 이런 대화를 나눈 기억이 있습니다.

> "엄마, ○○네 집에 놀러 갔더니 간식으로 케이크랑 홍차를 줬어."
>
> "그래? 그럼 그 집에 가서 살아라."

　부모라면 누구나 한 번쯤 아이에게 무심코 이런 말을 한 적이 있을 겁니다. 하지만 이런 사소한 말 한마디가 아이에게는 마음의 상처로 남을 수 있습니다.

　직장인을 대상으로 코칭을 하다 보면 "그때 부모님이 저한테 한 그 말 한마디가 아직도 생각나요. 도저히 용서할 수가 없어요"라고 호소하는 분들이 정말 많습니다. 저는 그런 상담 내용을 들을 때마다 부모의 말 한마디가 아이에게 얼마나 강렬한 인상을 남기는지 새삼스레 깨닫습니다.

아무리 객관적 사실을 이야기한다고 해도 부정어를 사용하면 아이의 머릿속에는 부정적인 자아상만 남는다.

부모의 생각을 강요한다

내 욕망을 채우는 일일까, 아이를 위한 일일까

부모는 누구보다 아이를 아끼고 사랑합니다. 그래서 무심코 자신의 생각과 가치관을 아이에게 강요하죠. 이것이 부정적인 대화가 위험한 네 번째 이유입니다.

아이는 부모에게 엄청난 영향을 받고 자랍니다. 부모가 좋아하는 것을 아이도 좋아하기 쉽고, 부모가 싫어하는 것을 아이도 저절로 싫어하기 쉽습니다. 부모가 경영자라면 아이도 같은 직업을 선택할 가능성이 높다는 연구 결과도 있습니다.

아동 발달 심리학에서는 이런 현상을 '동일시'라고 부릅니다.

하지만 여기서 말하는 가치관의 강요는 그런 것이 아닙니다. 부모가 인생에서 '좋다'고, '중요하다'고 생각하는 것을 아이에게 강요하는 경향이 있다는 걸 말합니다.

> **'앞으로는 영어가 중요하니까 영어 공부를 철저하게 시키자.'**
>
> **'의사가 되면 좋겠다, 그러려면 공부를 잘해야 하니까 초등학교 저학년 때부터 학원에 보내자.'**

이른바 지나치게 간섭하는 부모입니다. 자녀의 삶에 사사건건 참견하거나, 아이가 할 일을 미리 정해놓고 지시 · 명령하는 거죠. 여러 번 말했듯이 이런 것들은 전부 애정이나 사명감에서 비롯된 행동입니다.

물론 'ㅇㅇ을 시키자'는 생각이 나쁜 건 아닙니다. 부모라면 대부분 'ㅇㅇ을 시키고 싶다'는 생각을 하죠. 하지만 그런 생각이 지나치면 아이의 생각을 무시하고, 부모의 뜻대로 움직이려고 하는 경우가 있습니다.

분노가 고조되는 것처럼 부정적인 커뮤니케이션을 당연시하면 부모의 가치관을 점점 더 강요하는 흐름으로 이어집니다.

물론 아이는 어른만큼 이성적으로 논리 정연하게 생각하는 능력이 부족합니다. 하지만 아이도 자기 나름대로 생각과 감정이 있습니다. 이것은 일반론이지만, 아이는 부모를 사랑하기 때문에 부모의 의견에 따르려고 하고, 열심히 하려고 노력합니다.

이런 아이의 마음을 악용하지 마세요. 그리고 아이에게 자신의 가치관이나 집착을 강요하고 있지는 않은지 스스로에게 물어봐야 합니다. 아이보다 어른인 부모가 세상 돌아가는 이치를 더 많이 알고 있는 건 당연합니다. 굳이 입 아프게 말할 필요도 없죠.

다만 '나의 상식으로 판단한 것을 아이에게 강요하는 게 정말 아이를 위한 일일까?'라는 질문을 스스로에게 꼭 해봐야 합니다.

◆ 스스로 삶을 개척할 기회를 뺏지 마라

저는 직장인을 대상으로 한 코칭 전문가로 일하고 있지만 클라이언트에게 결코 조언을 하지 않습니다.

클라이언트의 상담 내용은 크게 열 가지 정도로 분류할 수 있습니다. 15년이 넘는 세월 동안 코칭을 하다 보니 클라이언트가 고민을 털어놓으면 금방 해결책이 떠오르기도 합니다. 하지만 이야기를 듣자마자 바로 조언을 하면서 클라이언트의 생각과 선택을 컨트롤하지는 않습니다.

코칭은 인재를 개발하는 기법 중 하나입니다. 제 코칭의 기본 원칙은 '상대방은 스스로 답을 도출할 수 있는 존재이며, 코치는 그 가능성을 최대한 믿어준다'입니다. 코치가 과도하게 끼어들어 정답을 제시하는 건 클라이언트가 스스로 삶을 개척할 기회를 없애는 행위입니다.

육아도 이와 비슷합니다. 아이에게는 무한한 가능성이 있습니다. 그런데 부모가 자신의 생각만을 강요하면 아이는 그 가능성을 빼앗길 수도 있습니다. 너무나 위험한 일이죠. 조금 과장해서 말하자면 아직 세상에 존재하지 않는 참신한 아이디어나 발상을 부모가 원천 봉쇄할 수도 있다는 말입니다. 부모의 역할은 어디까지나 '아이의 가능성을 짓밟지 않는 것'입니다.

그러니 부디 아이에게 부정적인 피드백을 해야 할 때는 '이건 내 생각을 강요하는 게 아닐까?' 하고 스스로에게 물어보는 습관을 가지세요.

이것만 기억하기!

부모가 대신 결정해주는 것과 아이가 스스로
생각해서 결정하는 것. 똑같은 결정일지라도
이 둘 사이에는 엄청난 차이가 있다.

부정이 축적되면 가정을 안전지대가 아니라고 느낀다

감정의 균열은 축적될수록 회복하기가 힘들다

악의는 없지만 부모는 무심코 아이에게 부정적인 말을 내뱉습니다.

그런 말을 듣는 아이는 자존감이 떨어지고 주눅이 들고, 스스로 생각하지 못하며, 부정적인 자아상을 갖게 됩니다. 그런데 이런 일이 오랜 세월에 걸쳐 축적되면 어떻게 될까요? 아이는 집이 안전한 곳이 아니라고 느낍니다.

물론 아이를 정말 아끼고 사랑해서 부정적인 피드백을 하는 경우도 있습니다. 하지만 그 순간 아이가 부모의 마음을 깊이 헤아릴 수는 없습니다. 이런 경우에는 훗날 성인이 되어서야 부모의 마음을 알게 되겠죠. '나를 너무 사랑하니까 혼내고 야단을 치셨구나. 나를 부정하는 건 그만큼 나에 대한 애정이 깊었다는 뜻이었구나'라고 말이죠.

앞에서도 말했듯이 모든 부정이 다 나쁜 것은 아닙니다.

예를 들어 "이제 그만 놀고 공부해!"는 부모들이 가장 많이 하는 잔소리 중 하나인데, 이 말 때문에 평생 트라우마에 시달리는 경우는 별로 없습니다.

이 책에서 말하는 부정은, 명령적인 어조로 상대를 부정하는 말과 행동만은 아닙니다. 감정적으로 심한 말을 쏟아내는 것뿐 아니라 무심한 태도, 귀찮다는 말투, 아이의 의견을 진지하게 듣지 않는 행동 등도 모두 부정적인 행동입니다. 이런 태도와 행동이 아이의 마음에 상처를 줄 수도 있습니다.

부모가 혼내거나 잔소리를 하거나 주의를 주거나 조언 또는 충고를 하면 아이는 부정적인 감정을 느낍니다. 물론 아이마다 느끼는 감정에는 크고 작은 차이가 있겠죠.

그런데 어른들이 보기에는 별거 아닌 말과 행동, 태도일지라도, 아이들에게는 상처나 충격을 줄 수 있습니다. 아무리 사소한 부정이라도, 아이들의 마음속에는 부정당한 경험이

차곡차곡 쌓입니다. 그러다 보면 부모와 아이 사이에는 미세한 감정의 금이 생기기 시작합니다. 그리고 이것이 매일 반복되고 수년, 수십 년 동안 지속되면 어느 순간 관계를 회복할 수 없을 만큼 균열이 벌어지고 맙니다.

아이가 속마음을 이야기하지 않는다면 자신의 말투를 되돌아보자

그러므로 마음의 금이 생기기 전에 집은 안전한 곳이고, 부모가 안전지대라는 걸 느끼게 해줘야 합니다. 예를 들어 학교에서 생긴 일이나 친구 때문에 고민이 있어도, 부모가 진지하게 이야기를 들어주지 않고 잔소리를 할 것 같으면 아이는 더 이상 고민을 털어놓지 않게 됩니다.

부모에게 심리적 안정감을 느끼지 못하는 거죠. 그러면 아이는 어떻게 될까요? 부모 외에 다른 안심할 수 있는 환경을 찾아 나설 겁니다.

이 때문에 아이의 말을 진지하게 들어주지 않는 것도 부정하는 것과 똑같다고 말씀드린 겁니다.

초등학생 때와는 달리 중학생이나 고등학생이 되면 귀가

시간이 늦어지고, 가능하면 집에 있지 않으려 하고, 뭔가를 물어봐도 대답도 하지 않는 아이들이 있죠.

당신의 아이가 미래에 그렇게 되는 걸 원하시나요?

만약 그렇지 않다면 스스로의 언어 습관에 대한 관찰부터 시작하세요.

아이와 나누는 대화뿐 아니라 부부 사이에서도 부정하는 대화가 오가지 않았는지 생각해보는 게 좋습니다. 이 책을 만난 것은 부정하는 언어 습관을 부정하지 않는 언어 습관으로 바꿀 수 있는 좋은 기회입니다. 모든 것은 당신 손에 달려 있습니다.

자, 오늘부터 그리고 나부터 아이에게 부정적인 말을 하지 않는 연습을 시작해봅시다.

지금까지 부정하는 대화가 아이에게 얼마나 위험한지에 대해 이야기했습니다. 2장에서는 실제 상황에서 부정하지 않는 대화를 하려면 어떻게 해야 하는지 구체적인 방법에 대해 이야기해볼게요.

이것만 기억하자!

아이의 말을 진지하게 들어주지 않는 것도 부정어와 똑같은 기능을 한다.

| 2장 |

아이에게
내 스트레스를
해소하고 있는 건
아닐까?

아이도 나도 상처받지 않는 대화법

부정에는 크게
두 가지 종류가 있다

의식적 부정과 무의식적 부정

그렇다면 어떻게 해야 아이와 부정하지 않는 대화를 나눌 수 있을까요? 이 질문에 답하기 전에 먼저 '아이를 부정한다'는 게 뭔지부터 이야기해볼게요. 부정은 크게 두 가지로 나눌 수 있습니다.

1. 의식적 부정
2. 무의식적 부정

첫 번째, 의식적 부정의 대표적인 예는 아이가 위험한 행동을 했을 때 혼내는 것입니다. 자세한 설명은 3장에서 하겠지만, 위험하거나 긴급한 상황에서 부정적으로 말하는 건 나쁜게 아닙니다. 다만 그럴 때는 말투와 전달 방식이 중요합니다. 짜증이 난다고 해서 아이에게 부정적인 말을 쏟아부으며 감정을 표출하는 것은 잘못된 행동이죠. 이것은 문제 삼을 만한 일입니다.

두 번째, 무의식적 부정은 말하는 당사자가 부정한다는 것을 인지하지 못하거나 그럴 의도가 없었는데도 부정적인 말을 내뱉은 경우입니다.

부모가 아이를 키우다 보면 무의식적 부정을 하게 마련이죠. 무의식적 부정에는 어떤 게 있는지 몇 가지 예를 들어볼게요.

"숙제 먼저 하고 나서 TV 봐!"
　　→ **직접적인 조언이나 충고**
"또 잊어버렸어?"
　　→ **과거의 잘못과 연관 지어서 하는 비난**
"언제 치울 건데?"
　　→ **질문을 가장한 공격**

"○○는 잘하잖아."

　　　→ 비교를 통한 간접적인 모욕

"이거 못하면 나중에 어른이 돼도 엄청 고생할걸."

　　　→ 협박

"네가 안 해도 나랑은 상관없으니까 난 이제 몰라."

　　　→ 무시나 무관심

"그건 네가 더 나빴네."

　　　→ 가치관 강요

　'아, 나도 저런 말 했는데…' 하고 고개를 끄덕이는 분들도 많을 겁니다.

　이렇게 무의식적으로 튀어나오는 부정적인 대화를 나열해 보면 말하는 사람에게 어떤 욕망이 있다는 걸 알아챌 수 있습니다. 아이가 숙제를 했으면 좋겠고, 물건을 잃어버리지 않았으면 좋겠고, 빨리 치웠으면 좋겠다고 생각하는 거죠. 이 생각이 다름 아닌 욕망입니다. 아이에게 그럴듯한 말을 하고 있지만 실제로는 자신이 원하는 대로 움직여주기를 바랄 뿐이죠. 이것이 무의식적인 부정입니다.

　예전에 푸드 코트에서 짜증이 난 엄마가 아이에게 "으이구, 이 모질아, 빨리 좀 먹어!"라고 소리치는 걸 봤습니다.

저는 깜짝 놀랐는데, 그 말을 들은 아이는 "응~"이라고 무심하게 대답하더군요. 마지막까지 지켜보니 엄마랑 아이는 웃으면서 돌아갔습니다. 아마도 엄마는 늘 짜증을 냈고, 그런 엄마의 모습을 아이는 당연하게 생각하는 것 같았습니다.

이것은 상황으로만 보면 의식적 부정입니다. 하지만 찬찬히 생각해보면 엄마가 아이를 야단치면서 무의식적으로 자신의 스트레스를 해소하고 있다는 걸 알 수 있습니다. 이미 습관이 되어 스스로 알지 못하는 것뿐이죠.

많은 부모들이 '아이에게 부정적인 말을 하는 건 좋지 않다'는 사실을 머리로는 알고 있습니다. 그런데 푸드 코트에서 만났던 그 엄마처럼 자기도 모르게 아이에게 부정적인 말을 내뱉는 게 육아의 현실이 아닐까요?

부모는 무심결에 부정적인 말을 하지만, 아이의 내면에는 부정의 에너지가 고스란히 쌓여 상처로 남습니다. 그러면 도대체 어떻게 해야 할까요?

지금부터 무의식적으로 부정하는 습관을 어떻게 고쳐야 하는지 말씀드릴게요. 중요한 내용이니 집중해주세요.

이것만 기억하자!

무의식적 부정이 아이의 내면에
조금씩 조금씩 쌓이면 만성적인 심리적 내상을
입힌다.

아이에게는
다 자기만의 이유가 있다

강요하는 순간 부정어로 변질된다

아이와 부정하지 않는 대화를 나누기 위해서는 먼저 다음 두
가지를 이해해야 합니다.

첫 번째는 아무리 좋은 말도 강요하는 순간 부정어로 변질
된다는 사실입니다.

당연한 이야기지만 부모는 다양한 경험을 쌓고 수많은 시
행착오를 겪으면서 성장한 사람입니다. 그렇기 때문에 부모
의 말이 맞는 경우가 더 많습니다. 그런데 설령 자신의 의견이
더 옳다고 할지라도, 그것을 강요하는 건 다른 문제입니다.

아무리 좋은 말도 강요하는 순간 부정어로 변질되기 때문입니다. 아이와 대화할 때 중요한 것은 시시비비를 가리는 것이 아닙니다. 가장 중요한 건 아이의 마음을, 또 그 아이의 의견을 수용해주는 태도니까요.

여기서 또 한 가지 덧붙이고 싶은 건, 어떤 문제든 어떤 관점에서 보느냐에 따라 옳고 그름이 달라질 수 있다는 겁니다. 아무리 옳은 일일지라도, 그것을 강요하면 상대를 궁지에 몰아넣거나 힘들게 만들기도 하니까요.

두 번째는 아이에게는 자기만의 이유가 있다는 겁니다.

이 또한 당연한 이야기입니다. 말로만 들으면 '뭐 그런 당연한 소리를 하나' 싶을 텐데, 막상 아이가 말을 잘 듣지 않으면 아이의 사정을 이해해주지 않는 부모가 많습니다.

아이한테 "언제까지 밥 먹을 거야! 빨리 먹고 숙제해!"라고 말하는 건 쉽습니다.

아이가 빨리 밥을 먹으면 부모(또는 양육자)는 밥상을 치울 수 있고, 아이는 숙제를 하고 내일 학교에 갈 준비를 하고 일찍 잠자리에 들 수 있죠. 이런 바람 때문에 부모는 아이에게 재촉하는 겁니다. 하지만 이것은 어디까지나 '부모의 편의'에 불과합니다. 아이가 빨리 밥을 먹고 숙제를 하는 게 본인이 하루를 마무리하기에 가장 편한 거죠. 그런데 아이에게는 아직 숙제를 하고 싶지 않은 나름의 이유가 있습니다.

물론 부모가 그 이유를 물어본다고 해도 아이는 제대로 설명하지 못합니다.

> **나: "빨리 밥 먹고 숙제해!"**
> **아이: "아, 싫어."**
> **나: "왜?"**
> **아이: "아직 하기 싫으니까."**
> **나: "왜? 왜 아직 하기 싫은데?"**
> **아이: "아, 몰라. 그냥 싫어."**

이렇게 이유를 물어봐도 '몰라', '그냥'이라고만 말하거나 아무 말도 하지 않는 경우도 많습니다. 하지만 이런 경우에도 이유가 없는 건 아닙니다. 어쩌면 다른 일로 마음이 상했거나 이런 식으로 자신의 의사를 표현하는 것일 수도 있습니다. 혹은 아이가 자신의 생각을 말로 잘 표현하지 못하는 것일 수도 있습니다.

여러분도 어렸을 때, 부모님이 어떤 이유를 물어봤는데 입을 꾹 다물어버렸던 적이 있을 겁니다. 기억을 더듬어 그때 당신의 속마음이 어땠는지를 떠올려보세요. '잘 설명을 못하겠다', '그냥 말하고 싶지 않다', '어차피 말해봤자 부모는 나를 이해해주지 않는다' 같은 이유였을 겁니다. 또 그것도 아니면 왜 말하기 싫은지조차 스스로 자각하지 못했을 수도 있습니다.

> "피곤해서 좀 더 쉬고 싶어."
> "오늘 학교에서 ○○랑 싸워서 속상해."
> "이 프로그램 꼭 보고 싶어. 이거 안 보면 내일 친구들이랑 얘기할 때 낄 수가 없어."
> "좀 더 절박해야 의욕이 생기는 것 같아."
> "엄마도 아빠도 간당간당한 순간까지 미뤘다가 하면서 왜 나한테만 강요하는데?"
> "이유는 모르겠는데 그냥 기분이 안 좋아."

이렇게 아이의 속마음은 어른들이 생각하는 것과 크게 다르지 않습니다. 그러므로 아이가 내가 원하는 대로 움직여주지 않을 때, 내 마음을 몰라줄 때, 마음속으로 이 말을 세 번 되뇌어보세요.

아이에게는 다 자기만의 이유가 있다.

아이에게는 다 자기만의 이유가 있다.
아이에게는 다 자기만의 이유가 있다.

이렇게 속으로 세 번 외고 나면 아이에게 부정적인 말을 던지는 횟수를 훨씬 줄일 수 있습니다.

부정의 반대말은 긍정이 아니라 이해

여러분, 부정의 반대말은 뭘까요? 아이를 키우는 과정에서 부정의 반대말은 긍정이 아니라 '이해'입니다. 이것을 좀 더 자세히 설명하자면, '아이의 말과 행동을 이해하려고 노력하는 것' 혹은 '아이에게 내가 너를 이해하고 있다는 것을 전달하는 것'을 뜻합니다.

> '아무리 그래도 아이가 하자는 대로 무조건 다 해주는
> 건 더 위험한 거 아닌가⋯⋯.'

이쯤 되면 이렇게 생각하는 분들이 분명 있을 겁니다. 여기서 분명히 말씀드리지만 '아이를 이해한다는 것'은 '아이의

말을 무조건 들어주는 것'이 아닙니다. 아이가 어떤 생각을 하고 있는지, 아이에게 어떤 사정이 있는지, 마음이 상했다면 왜 그랬는지 등등을 이해하려고 노력하는 것입니다.

이 점을 꼭 기억해주시면 좋겠습니다.

만약 아무리 물어봐도 아이가 대답을 회피하거나 눈을 피한다면 좋은 방법이 있습니다.

"지금 이야기하기 싫으면 다음에 다시 물어볼 테니까 그때는 이유를 알려줘."

이렇게 말하면서 아이에게 생각할 시간을 주는 게 좋습니다.

아이에게 '지금 당장 말하라'고 윽박지르거나 말하자마자 행동이 바뀌기를 기대하거나 내 말을 바로 알아듣기를 바라는 것도 위험하기는 마찬가지입니다. 아이는 하고 싶은 말이 있어도 생각이나 말로 정리하는 데 시간이 오래 걸립니다. 나의 타이밍이 아니라 아이의 타이밍에 맞춰주세요. 그리고 만약 아이가 말을 시작한다면 자유롭게 자기 의견을 표출할 수 있도록 자유를 줘야 합니다.

이런 마음가짐으로 부모가 기다려줘야 합니다.

부정적인 말과 대화가 축적되듯이 이해해주는 말과 대화도 축적됩니다. 이 둘은 정반대의 결과를 낳습니다. 부정적인 대화가 쌓이면 반목과 단절이라는 결과가 나오지만 이해하는 대화가 쌓이면 마치 복리가 쌓이듯 아이는 조금씩 변화하고, 성장하며, 마음을 열게 됩니다. 부모가 자신의 안전지대라는 생각이 들면 아이는 차분히 자신의 생각을 정리하고 이유도 말할 수 있게 될 겁니다.

이것만 기억하자!

아이의 말을 이해한다는 것은
무조건 아이의 말을 들어주는 것이 아니다.
아이가 무슨 말을 하는 건지 이해하려고
노력하는 것이다.

우리 집의 심리적 안정감은
어느 정도일까?

비난받을까 봐 할 말을 못하는 아이로 만들지 마라

아이와 부정하지 않는 대화를 나누기 위해서는 또 한 가지 중요한 개념을 알아야 합니다. 그것은 바로 '심리적 안정감'입니다. 심리적 안정감이란 하버드 대학 경영 대학원에서 조직 행동학을 연구하는 에이미 C. 에드먼드슨(Amy C. Edmondson)이 주창한 개념으로, 최근 대기업을 비롯한 여러 기업과 단체들 사이에서 조직문화를 개선하는 방안으로 주목받고 있습니다.

어떤 기업이나 단체가 심리적 안정감이 높다는 것은 조직에 속한 모든 사람이 자신의 생각과 감정을 안심하고 말할 수 있는 상태를 말합니다. 이와 반대로 다음과 같은 환경에서는 심리적 안정감이 낮습니다.

> **회의할 때나 일할 때 의견을 이야기하면 누군가에게 꼭 비난을 받는다.**
> **새로운 아이디어를 제안하면 비웃음을 사거나 무시당한다.**
> **도전했다가 실패하면 상사에게 혼난다.**

회사의 조직문화가 이런 상태라면 회의에서 비난받을 게 두려워 아무도 자신의 솔직한 의견을 이야기하지 못할 겁니다. 또 부하 직원이 상사에게 새로운 아이디어를 내지도 않을 것이고, 만약 어떤 일에 실패했을 때도 제때 상사에게 보고하지 않고 숨기다가 더 큰일이 되는 불상사도 벌어질 겁니다. 이렇게 심리적 안정감은 조직의 성패를 좌우하는 중요한 요인입니다.

그렇다면 집에서는 어떨까요?

저는 가족들 사이에서 느끼는 심리적 안정감이 정말 중요하다고 생각합니다. 가족 내에서 심리적 안정감도 직장 내 그

것과 별반 다르지 않습니다. 가족들끼리 자신의 생각과 감정을 편안하게 말할 수 있는 상태라면 심리적 안정감이 높다고 말할 수 있습니다. 지금 당신이 생각하기에 우리 집의 심리적 안정감은 어떤가요? 예를 들어 아이가 제멋대로 행동했을 때, 부모인 당신은 어떤 행동을 취하나요?

바로 부정적인 언어로 야단친다.
부모 뜻에 따르지 않으면 화를 낸다.
아이가 하는 이야기라 진지하게 듣지 않는다.
우리 집에서는 하면 안 되는 (암묵적인) 규칙이 많다.

만약 당신의 가정이 이런 상태라면 심리적 안정감이 낮다고 볼 수 있습니다. 이렇게 아이의 심리적 안정감이 낮으면 다음과 같은 일이 일상적으로 일어납니다.

아이가 부모를 무서워해서 아무 말도 못/안 한다.
아이가 자신의 의견을 말하기 어려워한다.
아이가 부모 눈치를 본다.
아이가 스스로 행동하지 않고, 부모가 시키는 대로만
   한다.

이런 분위기에서 자란 아이들에게는 집이 안전한 장소가 아니기 때문에 성장 과정에서 무슨 일이 생겨도 부모에게 솔직하게 말하지 않습니다. 학교에서 무슨 일이 생기거나 안 좋은 사건에 휘말리는 경우가 생겨도 부모에게 상의하지 않기 때문에 이는 큰 문제로 발전할 위험도 있습니다. 그러므로 아이에게 무슨 일이 생기든 편하게 부모에게 털어놓을 수 있도록 심리적 유대감을 평소에 잘 형성해놓는 것이 정말 중요합니다.

회사에서는 직장 내 괴롭힘·가스라이팅을 금지하는데, 집에서는 하는 사람들

요즘에는 '직장 내 괴롭힘 금지, 발각되면 즉시 퇴사 조치'를 기본으로 삼는 회사가 늘고 있습니다. 적어도 부하 직원이나 팀원에게 갑질이나 가스라이팅을 해서는 안 된다는 인식이 보편화되고 있죠.

그런데 부모 자식 관계에서는 괴롭힘이나 갑질, 심리적 학대가 만연한 것이 현실입니다. 왜 그럴까요? 회사에서는 직장 내 괴롭힘이나 가스라이팅을 목격한 동료가 회사에 보고 하거나, 갑질을 당한 당사자가 노동청에 신고할 수 있습니다. 하지만 집에서는 가족끼리만 보고 있고 아이도 괴롭힘이나 심리적 학대에 대한 인식이 별로 없기 때문에 드러나지 않는 경우가 많습니다.

따라서 부모의 역할이 정말 중요합니다.

> '내가 아이한테 화내는 방식이, 만약 회사였다면 직장 내 괴롭힘이 될까?'

아이에게 화를 냈을 때 스스로에게 이런 질문을 해보세요. 만약 자신의 방식이 직장 내 괴롭힘이나 가스라이팅과 비슷하다면 나의 방식을 바꿔야 합니다. 이런 태도를 실천하기 위해서는 마음속 깊은 곳에 '부정하지 않는 마인드'를 새겨두는 게 좋습니다.

> **아이의 말을 부정하지 않는다**(인간은 본능적으로 부정당하면 반발하고 싶어진다).
> **아이가 실패해도 혼내지 않는다.**
> **아이의 인격을 인정한다.**
> **자신**(부모)**이 아이보다 옳다고 생각하지 않는다.**

'하지 말아야 할 일'에 대한 규칙에 너무 얽매이지 않는다.

아이와 좋은 관계를 맺는다는 전제하에 관여한다.

부모가 가르쳐야 할 때는 아이가 이해할 수 있게끔 설명한다.

아이에게 '나는 언제나 네 편이야'라고 말해준다.

아이가 정말 큰 잘못을 했을 때는 야단치고, 그 잘못을 보완할 수 있도록 도와준다.

이것이 바로 아이를 부정하지 않는 마인드입니다.

한꺼번에 다는 아니더라도 하나씩 하나씩 실천해나가다 보면 아이는 자기 긍정감이나 자존감이 높아지고, 적극적으로 도전하는 성격으로 바뀝니다. 그렇게 되면 긍정적인 말과 행동이 늘어나서 부모도 멘탈이 안정되고 집안 분위기가 좋아지는 선순환이 이루어집니다.

심리적 안정감이 높은 아이들의 특징
실패나 실수를 해도 숨기지 않는다.
자신의 기분과 생각을 마음 편히 자유롭게 말하고 행동한다.

우리 아이
심리적 안정감 높이는 방법

① 아이가 '우리 엄마 아빠는 항상 웃고 있어'라고
느낄 수 있도록 해본다

웃는 얼굴로 아이를 대하는 것이 정말 중요합니다. 회사에서 늘 어두운 기색에 무표정인 사람이 있으면 당신의 기분은 어떤가요? 아마도 그 사람 얼굴을 쳐다보기가 싫어질 겁니다. 주변 사람들도 점점 이 사람과는 거리를 두게 됩니다.

이렇게 비유하면 바로 이해하면서도, 막상 자기 집에서는 본인이 바로 그 무표정한 사람이라는 걸 깨닫지 못하는 사람들이 있습니다.

당신은 집 안에서 얼마나 웃는 얼굴로 아이를 대하고 있나요? 하루에 웃는 시간이 얼마나 되나요? 가능하다면 당신의 아이가 '우리 엄마 아빠는 항상 웃고 있어'라고 느끼는 걸 목표로 웃어보세요.

아이가 음식을 나르다가 접시를 떨어뜨렸을 때 소리를 지를 건가요? 아니면 너털웃음을 지을 건가요? 당신이 어떻게 반응하느냐에 따라 아이의 심리적 안정감에 지대한 영향을 미칩니다.

그리고 실제로 당신 스스로도 인생을 즐기는 데 의식을 집중해보세요. 그러면 억지로 웃지 않아도 자연스럽게 미소가 흘러나옵니다. 일하다가 벌어진 일, 아이가 들려주는 이야기, 아이가 저지른 실수, 모든 일에는 사실 웃음 포인트가 숨어 있습니다. 일상에서 소소한 재미를 찾아내고, 그것을 즐기는 거죠. 부모가 즐거워하는 모습이 아이에게도 엄청난 영향을 미칩니다.

'무엇이든 즐거워하는 마인드'가 심리적 안정감을 만드는 중요한 비결입니다.

② 아이의 이야기를 잘 들어주고
아이를 인정해준다

웃는 얼굴만큼이나 중요한 것이 있습니다. 바로 아이의 이야기를 잘 들어주고, 아이를 인정해주는 겁니다.

가족관계에서 흔히 하는 실수 중 하나가 남에게는 절대 하지 않을 말과 행동을 한다는 겁니다. 남에게는 예의를 지키면서 가족한테는 함부로 대하거나 남의 말은 잘 들으면서 가족의 말은 한 귀로 듣고 한 귀로 흘려버리는 경우가 바로 그겁니다. 나에게 소중한 가족인 걸 알면서도 너무 허물없이 대하다 보니 나오는 실수들이죠.

이런 실수를 하지 않기 위해서 저만의 팁을 드리자면 내 가족을 나의 거래처라고 생각해보라는 겁니다. 그러면 아이가 말할 때 흘려듣지 않고 눈을 마주 보고 진지하게 귀를 기울이게 될 거예요.

이것을 일상적으로 습관화하면 아이도 '우리 엄마 아빠는 내 이야기를 잘 들어준다', '선생님이나 친구들이 이해해주지 못하는 것도 엄마 아빠는 이해해준다'고 무의식적으로 느낍니다. 좀 더 구체적으로 설명하자면, 이야기를 할 때 아이의 눈을 바라보는 것이 중요합니다. 아이가 등하교할 때 "잘 다녀와", "잘 다녀왔어?"라고 인사말을 건네는 것도 잊지 마세요. 이 순간에는 스마트폰을 만지던 손이나 집안일을 하던 손을 잠시 멈추고, 반드시 아이에게 몸을 돌리고 아이의 눈을 보면서 말하세요.

아이가 뭔가를 말하려고 하면 눈을 똑바로 바라보며 이야기를 들어주세요. 이런 사소한 행동이 축적되면 내 아이의 심리적 안정감은 높아질 수밖에 없습니다.

③ 함께 있는 시간을 소중히 여기고, 같은 경험을 공유한다

아이가 초등학교 고학년이 되거나 중고등학생이 되면 점점 혼자 지내거나 친구들과 놀러 나가는 시간이 많아집니다. 그런데 함께 공유하는 시간이 너무 줄어들면 결코 좋지 않습니다. 이것은 성인들끼리의 인간관계와 똑같습니다. 우리 모두 한때 친하게 지냈지만 만나는 기회가 줄어들어 나중에는 거의 만나지 않게 된 친구가 있습니다. 한번 만나지 않게 된 친구와는 더 이상 만나도 할 말이 없기 때문에 더욱더 소원해질 수밖에 없죠.

아이들과도 똑같습니다. 특히 아이들은 하루가 다르게 성장합니다.

아이에게 1년이라는 시간은 성인에게 10년이라는 시간과 맞먹을 정도로 지대한 영향을 줍니다. 그러므로 아이가 스무 살이 되기 전까지는 함께하는 시간을 되도록 늘려보세요.

함께 스포츠를 하거나 산책을 하거나, 영화나 뮤지컬을 보거나, 뭔가를 체험하면서 공동의 경험을 공유하는 것이 중요합니다. 공유하는 시간이 늘어날수록 할 말이 많아지고, 서로에 대해 아는 것도 많아지는 건 당연한 일입니다.

④ 어떤 관계를 맺고 싶은지 아이에게 구체적으로 말해준다

아이에게 어떤 관계를 맺고 싶은지 말해보세요.

> "엄마는 너랑 사이좋게 지내고 싶어."
> "아빠는 우리가 서로 하고 싶은 말을 숨기지 않고 했으면 좋겠어."

이런 대화에 익숙지 않은 분들은 도저히 부끄러워서 말 못하겠다고 하실 수도 있습니다. 만약 직접 말하는 게 잘 안 된다면 배우자나 부모님, 또는 선생님께 부탁해서 전달해달라고 하는 것도 한 가지 방법입니다. "이렇게 말한다고 해서 아이가 달라질까요?"라고 반문하는 분들도 있을 겁니다. 하지만 의외로 아이들은 다 이해합니다. 아이라고 해서 아무것도 모를 거라고 가볍게 생각하면 안 됩니다. 그리고 나이가 점점 들면서 더욱더 부모의 말을 이해하게 됩니다. 지금 당장 이해하지 못하더라도, 지금 이야기해놓은 것이 언젠가는 나를 이해하는 토대가 될 거라고 생각해도 좋습니다. 일종의 선행 투자라고 생각하고, 자신의 의견을 아이에게 잘 전달하는 부모가 되도록 노력해보세요.

⑤ 자주 안아주고 스킨십을 시도한다

아이에게 뭔가를 가르쳐야 하거나 혼내야 할 때는 스킨십을 동반하는 게 좋습니다. 등을 토닥이거나 머리를 쓰다듬으면서 이야기를 하면 같은 말로 훈계를 해도 전달되는 느낌이 완전히 다릅니다. 만약 어린아이라면 무릎에 앉혀놓고 이야기하는 것도 좋습니다.

　또한 아무 말도 하지 않는 순간에도 안아주거나 등을 토닥여주는 등 스킨십을 자주 하는 것은 심리적 안정감에도 큰 도움이 됩니다.

⑥ 소리를 지르거나 거친 말투를 쓰지 않는다

소리를 지르거나 거친 말투를 쓰는 건 아이의 심리적 안정감을 현격하게 떨어뜨리기 때문에 절대 금물입니다. 그런데 막상 아이를 키우다 보면 자기도 모르게 소리를 지르거나 거친 말투가 튀어나올 때가 있죠. 부모도 사람인데 이런 행동을 완전히 배제하는 것은 쉽지 않습니다. 만약 자기 스스로 감정이 절제가 안 될 때는 일단 그 자리에서 벗어나는 게 좋습니다. 마음을 가라앉히고 생각이 정리되는 시간을 가진 이후 평정심을 찾고 그 이후에 다시 대화를 이어 나가는 것이 바람직합니다.

⑦ 다그치거나 추궁하지 않는다

아이에게 "왜 거짓말해!", "네가 그렇게 한다고 했잖아!"라고 다그치거나 "왜 안 했어!"라고 이유를 추궁하는 것은 절대 하지 마세요. 설령 조용하고 차분한 말투라 할지라도 안 됩니다. 아이는 부모가 소리를 지르는 것보다 조용히 다그치는 걸 더 무서워합니다.

지금까지 아이의 심리적 안정감을 높일 수 있는 일곱 가지 기본 원칙에 대해 말씀드렸습니다. 이렇게 정리된 걸 보니 너무 간단하고 쉬워 보이지 않나요? 하지만 아이를 키우는 부모들에게는 실천하기가 쉽지 않은 것도 사실입니다. 원래 가장 기본이 되는 법칙을 꾸준히 지속하는 게 세상에서 가장 어려운 일이니까요. 저는 직장인 대상 코칭 수업에서도 '아는 것'과 '하는 것'은 다르다고 늘 강조합니다.

이 글을 읽고 '다 아는 내용이네'라고 그냥 넘어가지 말고, 나의 실제 삶에 어떻게 활용할 수 있는지 고민해보세요. 그리고 아이와 함께하는 일상에서 조금씩이라도 시도해보세요. 심리적 안정감은 하루아침에 생기지 않습니다. 하지만 내가 먼저 바뀌려고 노력한다면 아이도 점점 변화하는 모습을 보여줄 겁니다.

이건만 기억하자!

아이에게 1년이라는 시간은
성인에게 10년이라는 시간과 맞먹을 정도로
지대한 영향을 줍니다.

마음속에 늘 '무조건 용서'라는 카드를 준비해놓는다

아이들은 원래 실수하는 존재들

아이의 말을 부정하지 않으면서 대화를 나누려면 마음속에 항상 '무조건 용서'라는 카드를 준비해놓는 게 좋습니다. 지금 당장 그 카드를 쓰지 않더라도 마음가짐의 방향성을 제시해주니까요.

저는 예전에 열흘 동안 진행되는 위빠사나 명상에 참가한 적이 있습니다. 저와 같이 명상에 참가한 한 남성분이 들려준 에피소드를 소개해볼게요.

어느 날 그는 거실에서, 평소 시끄러운 세 살배기 아들이 유난히 조용히 있는 모습을 발견했습니다. 불길한 예감이 들어 가만히 살펴보니 자신이 결혼 전에 구입한 값비싼 소파에 아이가 오줌을 싸놓았다고 합니다. 아이는 소파에 앉아서 텔레비전을 보다가 그대로 잠이 들었고, 잠결에 오줌을 쌌던 거였죠. 젊은 시절의 그였다면 바로 불같이 화를 냈을 텐데, 그때 그는 위빠사나 명상에서 배운 '멧따바와나(mettā bhāvanā)'라는 명상법을 떠올리며 마음을 가라앉혔다고 합니다. 멧따바와나는 '자애 명상'이라고도 부르는데, 나를 해치는 모든 사람을 무조건 용서하는 명상법입니다. 상대방이 실수를 했거나 일부러 나에게 상처를 줬을지라도 무조건 용서하는 게 이 명상법의 원칙입니다.

그는 이렇게 말했습니다.

"아직 세 살배기이니까 오줌싸개 정도는 이해해야죠. 그리고 제가 소파에 아이를 앉힌 순간부터 무슨 일이 일어날지는 대충 상상했어요. 어쩔 수 없죠, 뭐. 청소하면 되니까요."

이 명상 덕분에 그는 아이를 혼내지 않고 침착하게 대처할 수 있었다고 합니다(단 이삼일 정도는 꽤나 속상했다고 하네요).

여기서 말하고 싶은 것은 명상을 하라는 게 아닙니다.

다만 아이가 실수했을 때 야단치지 말고 '오늘은 무조건 용서 카드를 한번 써볼까'라고 생각해보자는 겁니다.

자신의 어린 시절을 떠올려보면 알 수 있듯이, 아이들은 원래 실수하는 존재들입니다. 어른들이 아이들보다 실수가 적은 이유는, 어렸을 때 이미 수많은 실수와 실패를 경험했기 때문이죠. 그러니까 아이가 실수를 하더라도 당연하게 받아들이는 게 중요합니다.

소파에 오줌을 쌌다고 호되게 야단치면 아이는 그 기억을 평생 잊지 못합니다.

더러워진 소파는 깨끗이 닦으면 되고, 정 안 되면 새로 사면 그만이죠. 하지만 한 번 깨진 부모 자식 관계는 좀처럼 회복하기가 어렵습니다.

아이가 일부러 나쁜 짓을 한 게 아니라면 '무조건 용서' 카드를 꺼내보세요.

이참에 내가 아이에게 조건부 사랑을 주고 있는 건 아닌지도 스스로 점검해보세요. 마음속에 늘 '무조건 용서'라는 카드를 품고 있으면 아이에게 부정적인 말은 하지 않게 됩니다. 이것은 마음가짐의 문제이므로 꼭 기억해주세요.

이것만 기억하자!

마음속에 늘 '무조건 용서'라는 카드를 구비하고 있으면 부정적인 말은 저절로 하지 않게 됩니다.

명령하는 말투를
재미있는 말투로 바꿔본다

오늘 나는 '안 돼'라고 몇 번이나 말했을까

아이를 키우는 건 인내의 연속이라는 말이 있죠.

아이는 어른과 달리 못하는 일도 많고, 생각대로 움직이지 않을 때도 많습니다. 부모가 "이제 양치질해야지", "이제 정리 좀 할래"라고 말해도, 아이는 그 말을 전혀 듣지 않죠. 아이를 키우다 보면 그런 순간들이 너무나 많습니다. 지금 아이를 키우고 있는 저희 집에서도 그런 일이 지겨울 정도로 자주 일어납니다.

그럴 때는 '쟤는 왜 시키는 대로 못하는 거야?'라는 생각이

절로 들면서 짜증이 납니다.

　그러면 귀엽고 사랑스러운 내 아이에게 점점 명령조로 말하게 되죠.

　예를 들어 '이거 하지 마', '그거 하지 마', '안 돼' 등 부정적이면서 명령하는 말투를 자주 쓰는 거죠. 오늘 당신은 아이에게 '안 돼'라고 몇 번이나 말했나요? 이런 말투를 자주 쓰면 아이 입장에서는 부모가 절대적인 권력을 휘두르는 것처럼 느낄 수 있습니다. 그리고 말을 듣는 아이는 물론이고, 계속 똑같은 말을 반복해야 하는 부모도 지칠 수밖에 없죠. 이런 상황이 일상적으로 일어나면 심리적 안정감은 무너지고, 집안 분위기는 점점 더 삭막해지지 않을까요?

말끝을 바꾸는 것만으로도 분위기가 달라진다

그런 상황 때문에 힘들어하는 분들에게 추천하는 특별한 방법이 있습니다.

　아이에게 말할 때, 어미를 바꾸는 방법입니다.

　어떻게 바꾸느냐고요? 재미있는 말투, 부드러운 말투를 쓰는 거죠.

"그거 하면 안 되……는데?"
"그거 하면 안 되……는 거야?"
"그거 하면 안 될……텐데."
"그거 하면 안 될……수도 있어."
"그거 하지 마……라고 하면 어떻게 할래?"
"그거 하지 마……라고는 안 했어."
"그거 하지 마……아, 이미 말해버렸네~(웃음)"
"그거 하지 마……아이고, 그만해, 안 돼~"

이것은 어디까지나 예시일 뿐입니다. 우리 집에서는 자주 쓰지만요(웃음). 이렇게 말끝을 조금 재미있게 또는 부드럽게 마무리하는 방법을 추천합니다.

아이가 잘못하거나 시키는 대로 하지 않을 때, 주의를 주는 건 좋지만 지시·명령어로 일관하면서 혼내지는 마세요. 되도록 집안 분위기가 나빠지지 않도록 전달하는 새로운 방법을 생각해보는 게 좋습니다. 어미를 바꾸는 것만으로도 명령하는 말투가 아주 부드러워지고, 집안 분위기가 평온해집니다. 서로에게 감정이 격해지는 것도 방지할 수 있습니다.

그리고 그렇게 하다 보면 점점 대화가 유쾌해진다는 장점이
있습니다.

> "그거 안 된다고 했지! 아, 내가 말 안 했나?"
> "그거 안 된다고 했지! 내가 아니라 다른 사람이 말한
>   걸 수도 있어."
> "그거 안 된다고 했지! 사흘 전에 말했으니까 기억 못
>   하려나?"
> "그거 안 된다고 했지! 근데 내 말투가 나빴을지도 몰
>   라."

저의 전작 『아무도 상처받지 않는 대화법』에서도 말씀드렸
지만 개그 콤비 페코파^{ペコば, 이 이름은 한국어 '배고파'에서 따온 것이다-옮긴이}
의 화법을 응용하면 좋습니다. 보통 개그에서는 한 명이 엉뚱
한 말을 하면 다른 한 명이 "제정신이야?"라는 식으로 딴지를
겁니다. 전자의 역할을 슈페이가 후자의 역할은 쇼인지 타이
유가 하는데, 이들은 이런 개그를 하면서도 '부정할 듯 부정
하지 않는 화법'을 씁니다.
아이에게 뭔가 훈계할 일이 있어도 '나는 절대적으로 옳고
너는 나쁘다'는 식으로 말하는 것이 아니라 부정하지 않는 화

법을 뒤에 덧붙이는 거죠. 내가 먼저 이렇게 이야기하면 아이
도 "엄마가 안 된다고 말한 건 사흘 전이 아니라 지난주였거
든!"라는 식으로 재치 있게 대답할 기회가 생깁니다.

성인들 사이에서도 내가 먼저 말투를 바꾸면 상대방의 대
응이 달라지듯이 아이와 나누는 대화도 마찬가지입니다. 유
머와 재치는 삶의 윤활유라는 점을 잊지 마세요.

집안 분위기가 어떤지를 생각한다

제 친구 중에 즉흥 연극을 하는 배우가 있습니다. 그 친구에
게 배운 것 중 하나가 '진짜로 화내기 금지'라는 말입니다.

즉흥 연극은 미리 정해진 대본이나 대사가 없기 때문에 배
우들끼리 그때그때 그 자리에서 즉흥적으로 대사를 만들고,
서로 대사를 주고받으면서 이야기를 만들어가는 연극 장르
입니다. 따라서 무대 위에는 한 치 앞을 내다볼 수 없는 긴장
감이 흐릅니다. 공연 중 배우들끼리 대사를 주고받는 동안에
울컥 짜증이 나거나 예상대로 진행되지 않을 때가 많지만, 거
기서 상대 연기자에게 진짜로 화를 내면 그 자리의 분위기가
얼어붙고, 그 긴장감이 객석에도 그대로 전해집니다. 그런데

이렇게 무대 위의 분위기가 나빠지면 그 후에 배우들이 아무리 우스꽝스러운 대사를 던지고 연기를 해도 관객들은 웃지 않는다고 합니다.

이것은 집안에서도 마찬가지입니다.

물론 엄마, 아빠는 개그맨도 아니고 배우도 아닙니다. 웃음으로 바꿀 수 있는 능력 같은 건 필요 없다고 생각할 수도 있습니다.

그런데 정말 그럴까요? 누구나 결혼할 때나 아이가 태어났을 때 '웃음이 넘치는 화목한 집안을 만들고 싶다'고 생각했을 겁니다.

하지만 시간이 지나면서 처음 결심했던 것들은 사라지고 무섭게 변한 내 모습만 남은 건 아닌지 한번 생각해보세요.

아이를 제대로 교육하는 건 중요한 일이죠. 그런데 교육을 하는 것과 즐겁게 하는 것은 상반된 일이 아닙니다. 날마다 소리를 지르고, 명령조로 이것저것 하라고 계속 강요하는 것은 말하는 사람도 듣는 사람도 즐겁지 않습니다.

지금 우리 집의 분위기가 어떤지를 생각해보세요. 혹시 우리 집에서 긴장감이 흐르거나 서로 답답해하는 분위기가 있지는 않나요? 만약 그렇다면 집안 분위기부터 바꿔야 합니다.

유머까지는 힘들다면 오늘부터 '진짜로 화내기 금지'만이

라도 실천해보세요. 그것만 실천해도 분명 분위기는 변화할
겁니다.

똑같은 말도 말투만 약간 유머러스하게 바꾸면
집안 분위기가 좋아진다.

'내 말이 정답'이라는
생각은 버린다

초등학생 이상이라면
아이가 스스로 결정하게 한다

'말을 물가에 데려갈 수는 있어도 물을 마시게 할 수는
없다.'

이 말은 영국에서 오래전부터 전해 내려오는 유명한 격언
입니다.
지금은 대인관계로 어려움을 겪는 사람들에게 도움을 주
는 현장에서 철칙으로 삼고 있죠.

다시 한번 강조하지만, 부모가 아이보다 더 많은 경험과 지식을 가지고 있는 건 당연한 겁니다. 하지만 앞에서도 강조했듯이 부모가 '내 말이 절대적으로 옳다', '너는 내 말대로 해야 한다'는 식으로 강요하는 순간 대화는 바로 부정어로 변질되고 맙니다. 아래는 어떤 아버지와 고등학생 아들의 대화입니다.

> 아버지: "너도 유학 가는 게 좋다고 생각하지?"
> 아들: "유학은 아빠가 보내고 싶은 거잖아."
> 아버지: "나도 고등학생 때는 부모님이 가라고 해서 어쩔 수 없이 갔어. 근데 막상 가보니까 정말 좋은 경험을 했고, 지금도 그 경험이 엄청나게 큰 도움이 돼."
> 아들: "나는 아빠가 아니라고."
> 아버지: "알아, 아는데 어릴 때 이런 경험을 하는 게 정말 중요하다니까."
> 아들: "아, 알았으니까 그만 좀 해."

어떤가요? 비단 유학만이 아니라 부모가 아이에게 뭔가를 시키고 싶을 때, 이런 대화는 일상적으로 일어납니다. 아버지의 조언은 타당합니다. 돈을 들여서라도 유학을 보내서 아들도 자신과 같은 멋진 경험을 했으면 좋겠다는 애정 어린 마음도 담겨 있죠.

하지만 그 생각을 일방적으로 강요하는 순간, 아이는 '부정당했다'고 느끼며 오히려 반발심이 생기는 경우가 더 많습니다.

왜 그럴까요? 아이에게는 자신만의 생각과 이유가 있고, 감정도 있기 때문이죠. 또한 이해하는 속도와 타이밍은 사람마다 다릅니다. 아이는 어쩌면 '유학을 가는 게 나의 미래를 위해 도움이 된다는 걸 알고 있고, 유학을 가고 싶지 않은 건 아니지만 친구들이랑 1년씩이나 떨어져 지내기 싫다. 단기 유학 정도는 괜찮다'고 생각할 수도 있습니다.

아무리 부모라 할지라도 아이의 생각을 무시하고, 강요할 권리는 없습니다. 아이는 부모의 소유물이 아니라 독립적인 인격을 가진 사람이니까요.

'내 말이 맞으니까 억지로 시켜도 괜찮다'는 건 심하게 말하면 부모의 이기심입니다.

그것은 말의 목덜미를 붙잡고 억지로 물을 쏟아붓는 행동과 똑같습니다.

정말 내가 권하는 걸 아이가 하기를 바란다면 우선 "아빠가 언제 틀린 말 한 적 있어?", "엄마가 다 너 위해서 하는 말이야" 같은 말은 아예 쓰지 말아야 합니다.

중요한 건 아이에게 선택권을 주는 거죠. 부모가 의견을 말하면서도 아이의 생각을 꼭 먼저 물어보세요.

> **"엄마는 이게 더 좋을 것 같은데, 너는 어떻게 생각해?"**

별거 아닌 말 같지만 이렇게 자신의 의견을 물어봐주는 것만으로도 존중받는 느낌을 받습니다. 아이를 꼭 유학 보내고 싶다면 평소에 유학에 대한 좋은 점, 즐거웠던 경험, 유학을 갔다 온 뒤 도움이 된 점 등을 이야기하면 됩니다. 처음부터 "넌 무조건 가야 돼", "안 가면 큰일 나"라는 식으로 강요하면 역효과만 납니다.

그리고 만약 그럼에도 아이가 유학을 거부한다면 억지로 보내면 안 됩니다. 당연한 소리지만 아이의 인생은 아이의 것이니까요.

부모가 답을 미리 정해놓고 아이에게 강요하는 게 아니라 여러 가지 대안을 만들어놓고 아이에게 선택할 기회를 주는 게 핵심입니다. 아이가 '우리 부모님은 내 의견과 생각을 존중해주는구나'라고 느낀다면 성공입니다. 존중받는 데 익숙한 아이는 자기 미래를 스스로 결정하고 적극적으로 대처하는 능력도 더 발달합니다. 아이를 키우는 건 장기전입니다. 당장 눈앞에 보이는 성과보다는 훗날 아이 스스로 세상을 헤쳐 나갈 힘을 키워주는 게 더 중요합니다. 좀 더디더라도 차근차근 스스로 일어서는 과정을 옆에서 지켜봐주세요. 오랫동안 지켜보는 일, 그것이 당신이 할 일입니다.

이것만 기억하자!

시켜서 하는 일과 자신이 선택해서 하는 일.
당신은 둘 중 어느 것을 하고 싶은가?
당신의 아이도 당신과 똑같은 답을 할 것이다.

3장

내가 정말 너 때문에 못살아!

상처 주지 않으면서 아이를 혼내는 법

커뮤니케이션의
세 가지 종류

나의 대화법은
어떤 커뮤니케이션에 해당할까

아이에게 상처 주지 않으면서 내 의사를 전달하는 방법을 소
개하기 전에 먼저 커뮤니케이션에 대해 조금 정리해볼게요.
이것은 제 나름대로 분류한 것인데, 커뮤니케이션은 크게 세
가지로 나눌 수 있습니다.

1. 전달하기
2. 경청하기

3. 대화하기

1과 2는 일방향 커뮤니케이션이고, 3은 쌍방향 커뮤니케이션입니다. 이 세 가지를 염두에 두고 아이와 이야기할 때 '내가 지금 1~3 중에 어떤 커뮤니케이션을 하고 있지?'를 체크해보면 대화의 질이 달라집니다. 이것을 스스로 자각하지 않으면 '분명 아이 말을 경청하려고 했는데 어느새 나만 말하고 있는 상황'이 벌어질 수도 있습니다. 그렇다면 우리가 흔히 말하는 혼내기는 이 세 가지 중에 어디에 속할까요? 혼내기는 '1. 전달하기'에 해당합니다.

혼내는 것은 상하관계에서 나보다 아래인 상대에게 일방적으로 전달하는 커뮤니케이션입니다. 위에서 아래로 내려오는 말, 상명하복이라는 규칙이 통하는 권력관계라는 게 포인트죠.

그리고 바로 이 점 때문에 혼낼 때는 주의해야 합니다.

이것만 기억하자!

혼내기는 일방적인 대화,
즉 '전달하기'에 해당하는 커뮤니케이션이다.

부정적인 대화가
꼭 필요한 두 가지 경우

부정적인 대화가 100퍼센트 나쁜 것만은 아니다

아이를 키우다 보면 부정적인 말을 해야 할 때가 반드시 있게 마련입니다. 대표적으로 부정적으로 말하지 않으면 아이가 위험해지거나 다른 사람들한테 피해를 주는 경우가 있죠.

예를 들면 백화점에서 쇼핑을 한 다음 주차장으로 내려가자마자 아이가 우리 집 자동차를 보고 반가운 마음에 달려가고 있다고 칩시다.

그때는 바로 "뛰지 마!", "거기 서!", "위험해"라고 큰 소리로 주의를 주면서 아이가 멈추게 해야 합니다. 당연한 말이지만 보호자로서 아이에게 지시·명령이 필요한 상황인 거죠.

또한 아이에게 위험한 상황은 아니어도 아이가 마트에서 판매 중인 팩에 담긴 고기를 꾹꾹 누르면 "어허, 만지면 안 돼!" 하고 말릴 겁니다(참고로 우리 집에서는 흔한 일이라 정말 골치가 아픕니다).

이렇게 아이가 위험해지거나 타인에게 피해를 줄 여지가 있을 때는 권력관계를 이용해서 혼내는 게 당연합니다. 이럴 때는 급하게 행동을 저지하는 게 결코 나쁜 게 아닙니다.

참고로 비즈니스 리더십에서는 위험을 피해야 하는 상황에서 부하 직원을 지도할 때, 부하 직원의 성숙도나 역량 수준에 따라 긴급하게 대응할지 말지를 판단합니다(이를 '상황 대응 리더십 모델'이라고 부릅니다). 그러나 아이의 경우, 어른보다 경험이 적기 때문에 어쩔 수 없이 부모가 바로 행동을 저지해야 할 때가 많습니다.

이것만 기억하자!

남에게 피해를 주거나 아이가 위험할 때 부정적으로 제재를 가하는 건 나쁜 것이 아니다.

아이를 혼낼 때
절대 하지 말아야 할 행동

아이는 화풀이 대상이 아니다

그런데 이렇게 아이를 정말 혼내야 할 때도 절대로 하지 말아야 할 행동이 있습니다.

그것은 바로 부모가 감정적으로 아이를 혼내는 겁니다. 1장에서도 말했지만 부모 자신이 부정적인 감정에 휩쓸려서 아이에게 분노를 표출하는 것은 위험합니다. 혹시 아이를 혼낸다는 명목하에 화풀이를 하고 있지는 않나요? 만약 그렇다면 아이에게 큰 상처를 주고 있는 겁니다.

이것은 직장 내 상하관계에서도 마찬가지입니다. 업무적

으로 지적을 하거나 주의를 주는 건 괜찮지만, 감정적으로 화를 내는 건 안 됩니다.

서양에서는 감정을 조절하지 못하는 사람은 인간적으로 미성숙하고, 관리자가 되기에는 부적절하다고 판단합니다. 감정이 상하면 누구나 냉정한 판단을 할 수 없으니까요.

물론 감정을 완벽하게 컨트롤하는 게 어려운 것도 사실이죠. 그래서 분노 관리(anger management)라는 개념이 있고, 감정을 조절하는 데 도움이 되는 심리학 도서도 많이 있습니다. 그러므로 화가 날 때는 내 감정을 찬찬히 들여다보는 게 먼저입니다.

예를 들어 당신이 회사 일 또는 인간관계에서 골치 아픈 문제가 생겨서 거실에서 그 문제로 고민하고 있는데, 갑자기 바로 옆에서 두 아이가 싸우기 시작했다고 가정해보세요.

평소라면 아이들끼리 싸워도 심하게 혼내지는 않았습니다. 그럴 만한 일이 아니니까요.

하지만 다른 일로 이미 짜증이 나 있는 상태였던 당신은 "이것들아, 좀 조용히 해! 내가 정말 너희들 때문에 못 살겠어!"라면서 소리를 지릅니다.

이런 행동은 분명 자신의 부정적인 감정을 아이에게 쏟아붓는 행위입니다. 이 말을 들은 아이들은 당신의 무서운 표정과 신경질적인 말투에 놀라 울음을 터뜨릴 수도 있죠.

　이런 행동은 정확히 말하면 혼내는 게 아니라 그냥 감정을 분출하는 겁니다. 이른바 분노 모드로 들어간 거죠. 이런 것이 바로 대표적인 부정적 대화로 1장에서 말했듯이 아이를 주눅 들게 하고 자존감을 떨어뜨립니다. 이런 일이 반복되면 아이는 부모의 눈치를 보거나 부모의 기분에 맞춰 행동하면서 마음의 문은 닫아버립니다.

　그러므로 감정에 지배되어 분노를 표출하지 않도록 각별히 신경 쓰는 게 좋습니다.

어떤 경우에도 듣는 것부터 시작하기

'잘못된 일을 지적하는 건 괜찮지만, 감정적으로 화내는 건 안 된다.'

　이론적으로는 이해하면서도 실제 삶에서 실천하기는 정말 쉬운 일이 아니죠. 제가 책을 통해서 반복적으로 강조하는 행동 원칙이 한 가지 있는데요. 그것은 만약 감정적으로 주체할 수 없는 상황이 벌어지면 '즉각적으로 반응하지 않는다'는 겁니다. 예를 들어 아이가 벽에 유성펜으로 낙서하는 모습을 보면 울컥 화가 나서 소리를 지를 것 같지 않나요?

이때 잠깐만 멈추고 3초 정도 숨을 크게 들이쉬고 다시 3초 정도 내쉬는 일을 해보세요.

이렇게 숨을 고르는 사이에 벌컥 화를 내는 행동을 자제할 수 있습니다. 그러고 나서는 어떻게 하는 게 좋을까요?

그다음에는 '아이의 이야기를 가만히 들어주는 것'을 습관화하세요.

이것은 상사가 부하 직원의 이야기를 먼저 들어주면서 '경청의 리더십'을 발휘하는 것과 같은 맥락입니다. 영업의 세계에서도 마찬가지입니다. 과거에는 영업자가 고객에게 먼저 제품의 성능에 대해 길게 설명하는 게 기본이었습니다. 하지만 지금은 고객의 이야기를 먼저 듣고, 니즈를 파악하는 게 먼저입니다. 세상이 이미 바뀌어 이것이 어느새 상식이 되어버렸습니다. 앞에서 이야기했듯이 모든 커뮤니케이션은 크게 '전달하기', '경청하기', '대화하기'라는 세 가지로 이루어져 있습니다. 이상적인 커뮤니케이션은 다음과 같은 순서로 이루어집니다.

경청하기 → 대화하기 → 전달하기

경청하기 → 전달하기 → 대화하기

어떠한 경우든 모두 '경청하기'로 시작합니다.

그러므로 아이가 벽에 유성펜으로 낙서하는 모습을 보고, 울컥 화가 났지만 6초간 숨을 들이쉬고 내쉬었다면 그때부터 아이의 이야기부터 들어주세요. 아이가 이야기를 끝낼 때까지 가만히 들어주었다면 당신은 이미 상처 주지도 않고 받지도 않는 대화에 성공한 부모입니다.

어떠한 경우에도 경청으로 시작하기

경청하기 → 대화하기 → 전달하기
경청하기 → 전달하기 → 대화하기

교훈적인 피드백까지는 필요하지 않다.
아이의 말을 잘 듣기만 해도
대화에 성공한 부모가 될 수 있다.

혼내기 전에
목적이 뭔지 생각해보자

혼내기 전에 내 마음부터 들여다보기

일을 할 때도 작업 준비 시간이 필요하고 운동을 할 때도 워 밍업을 먼저 하듯이 아이를 혼내는 일에도 준비가 필요합니 다. 그렇지 않으면 나도 모르게 감정이 앞서는 말을 해버릴 수도 있으니까요. 그렇다면 뭘 어떻게 준비해야 할까요?

만약 회사에서 부하 직원을 혼낼 일이 있다면 근무 시간 이후에는 얼굴을 마주치지 않아도 되기 때문에 충분히 따로 마음을 정리할 시간이 있습니다. 그런데 집에서 아이를 혼 낼 때는 그렇지 않습니다. 혼낸 이후에도 계속 함께 있어야 합니다. 그러므로 우선 혼내기 전에 내 생각을 정리를 하는 게 중요합니다.

> **'나는 궁극적으로 아이와 어떤 대화를 나누고 싶은 가?'**
>
> **'나는 아이와 어떤 관계를 맺고 싶은가?'**
>
> **'나는 아이가 어떻게 행동하기를 바라는가?'**

아이가 잘못을 했을 때 훈육하는 건 당연합니다. 다만 '그 냥' 혼내는 것보다는 '목적'을 가지고 혼내는 것이 중요합니 다. '목적'을 생각한 다음에 아이와 대화를 하면 말하는 방법 과 듣는 방법이 엄청나게 달라집니다. 아이 입장에서도 부모 가 갑자기 하고 싶은 말을 다 쏟아내면 당황스러울 뿐입니다.

아이는 아직 그 말을 들을 준비를 하지 못했으니까요. 아 이가 이야기를 들을 준비를 하고, 부모가 말하고 싶은 내용을 전달하려면 어떻게 해야 할까요? 지금부터 소개하는 다섯 가 지 스텝을 그대로 따라 하세요. 그러면 당신이 원하는 대로 대화가 이루어질 수 있습니다.

아이를 혼내는 다섯 가지 스텝

스텝1 허락을 구한다

> "엄마/아빠가 잠깐 하고 싶은 말이 있는데, 해도 될까?"
>
> "노는 거 잠깐만 멈추고, 여기 앉아서 엄마/아빠 얘기 좀 들어줄래?"

갑자기 혼내지 말고 우선 아이에게 허락을 구하세요. 이때 아이가 불안감을 느끼지 않도록 가능하면 웃는 얼굴로 말하는 게 좋습니다. 아이가 기분이 좋을 때나 차분하게 이야기하기 쉬운 타이밍에 말을 꺼내는 것도 좋은 방법입니다.

이때 부모가 잊지 말아야 할 점이 있습니다. 아이가 "응, 알겠어"처럼 동의하는 말을 할 때까지 기다려주는 겁니다. 첫 단추를 끼우는 게 중요하듯 대화에서도 첫 시작을 어떻게 하느냐가 중요합니다. 시작부터 한쪽이 일방적이거나 어느 한쪽이 감정이 상하면 그 어떤 이야기도 귀에 들어오지 않으니까요. 그러므로 조금 번거롭더라도 아이에게 꼭 정중하게 허락을 구하세요.

스텝2　대화 주제를 전달하고,
안심할 수 있는 분위기를 조성한다

아이한테 허락을 받았다면 이제부터 어떤 이야기를 할지 구체적으로 알려주세요. 그러면 아이는 안심할 수 있습니다. 예를 들면 다음과 같습니다.

> **"엄마/아빠는 이제부터 ○○에 대해 이야기할 거야."**
> **"지난번에 이런 일이 있었잖아. 그 얘기를 좀 하고 싶은데."**

부모가 무슨 이야기를 할지 아이가 이해하는 것도 중요합니다. 아이가 안심하면서 대화를 잘 따라갈 수 있도록 먼저 대화 주제를 전달하세요.

스텝3　감정을 전달한다

아이가 가장 신경 쓰는 게 뭔지 아시나요? 바로 부모의 기분입니다. 아이가 불안하지 않도록 자신의 감정을 담담하게 아이에게 전달하세요.

> **"엄마/아빠는 사실 그때 좀 화가 났어."**

"엄마/아빠는 조금 걱정이 돼."

이때 "지금은 괜찮은데……" 등 '지금' 부모가 느끼는 감정을 함께 전달하면 아이는 더욱더 안심할 수 있습니다.

스텝4 본론으로 들어간다

드디어 오늘 정말 하고 싶었던 이야기의 본론으로 들어갑니다.

> **"엄마/아빠는 그 문제에 대해 오늘 이야기하고 싶은데."**
> **"엄마/아빠는 우리 ○○랑 함께 문제를 해결하고 싶은데."**

이렇게 오늘의 주제를 꺼냈다면 다시 한 번 허락을 구하세요.

> **"괜찮을까?"**
> **"함께 이야기할 수 있을까?"**

이때 아이가 동의하면 스텝5로 넘어가세요. 만약 아이가 동의하지 않는다면 아이에게 시간을 주고, 잠시 기다리세요. 그다음에 합의를 이끌어내세요.

스텝5 아이가 먼저 이야기할 수 있도록 의견을 물어본다

"너는 ○○에 대해서 어떻게 생각해?"

"우리 ○○가 어떤 생각을 하는지 엄마/아빠한테 말해 줄래? 그러면 엄마/아빠도 무슨 일인지 제대로 이해 할 수 있을 것 같아."

그러고 나서 부모는 되도록 끼어들지 말고, 아이가 말할 때까지 기다리세요. 상황이나 사실 관계뿐만 아니라 어떤 기분이었는지, 어떤 이유가 있었는지 등등에 대해서도 들어봅니다.

어떤가요? 사실 이 다섯 가지 스텝은 제가 평소에 코칭할 때, 비즈니스 리더들에게 '부하 직원에게 피드백하는 다섯 가지 스텝'으로 교육하는 내용입니다. 익숙해지면 쉽게 따라 할 수 있지만, 처음에는 생각만큼 잘 되지 않을 수도 있습니다.

"회사에서 쓰는 대화법을 굳이 아이한테까지 적용해야 할까요?"

이렇게 묻는 분들도 분명 있을 텐데, 인간의 본능은 아이나 어른이나 다 똑같습니다. 누구나 자신을 인격체로 존중해주는 사람에게 마음을 엽니다. 강압적인 방법이 훨씬 더 효과적이라고 느낄 수도 있지만 그건 훗날 심각한 부작용이 있을 수 있다는 걸 감안해야 합니다.

아이를 혼내는 건 생각보다 어렵습니다. 하지만 이 다섯 가지 스텝을 활용하면 혼내기나 야단치기, 충고나 조언하기 등 껄끄러운 대화도 술술 풀릴 테니 꼭 한번 써먹어보세요.

참고로 이 다섯 가지 스텝은 아이를 혼내고 싶은 일이 있을 때, 바로 써도 좋고 시간이 좀 지나고 나서 써도 괜찮습니다.

상처 주지 않으면서 아이를 혼내는 다섯 가지 스텝

♣스텝1 허락을 구한다.

"잠깐 이야기해도 될까?"

♣스텝2 대화 주제를 전달하고,
안심할 수 있는 분위기를 조성한다.

"○○에 대해 이야기하고 싶어."

♣스텝3 감정을 전달한다.

"좀 걱정이 돼서 그래."

♣스텝4 본론으로 들어간다.

"너랑 그 문제를 해결하고 싶어."

♣스텝5 아이가 먼저 이야기할 수 있도록
의견을 물어본다.

"너는 ○○에 대해서 어떻게 생각해?"

인정만 해줘도
마음은 무장해제된다

단지 알아봐주는 것만으로도
반응이 달라진다

앞에서 부정적인 대화가 꼭 필요한 두 가지 경우를 말씀드렸는데 그 외에도 아이의 행동을 제지해야 할 때가 있습니다. 예를 들어 아이가 장난이 심해서 집에서 물건을 던지려고 하면 "던지면 안 돼!"라고 주의를 줘야 하고, 밥을 먹을 때 편식하면 "골고루 먹어야지!"라고 명령조로 말하게 됩니다.

그런데 이때 효과적인 테크닉이 바로 '일단 인정해주기'입니다.

예를 들어 아이가 집에서 물건을 던지려고 하면 "그거 던지면 안 돼!" 하고 주의를 주는 게 아니라 "혹시 그거 던지려는 거야?"라고 말하세요. 아이가 음식을 편식하면 "골고루 먹어야지!"라고 바로 혼내는 게 아니라 "우리 ○○는 ○○를 좋아하는구나", "근데 ○○는 안 먹었네"라고 부드럽게 말하는 겁니다.

이 말을 들은 아이는 '지금 나는 물건을 던지려고 한다', '지금 나는 ○○를 안 먹는다'고 자신의 행동을 인식합니다.

아이들은 무의식적으로 행동하기 때문에 '지금 내가 무엇을 하고 있는지' 정확히 인식하지 못할 때가 있습니다. 따라서 '지금 무엇을 하려고 하는지'를 부모가 인식할 수 있도록 도와주면, 아이는 자신의 행동을 다시 한번 생각하게 됩니다.

간혹 부모에게 보여주기 위해, 관심받기 위해 일부러 엉뚱한 행동을 하는 아이도 있습니다. 그때도 부모가 그 행동을 아이에게 인식시켜 주면, 아이는 그 자체만으로도 만족합니다. 예를 들어 아이가 추운 날 얇은 옷을 입고 외출하려고 할 때, 다음과 같은 대화를 하지 않나요?

나: "코트 입고 가!"
아이: "아, 안 입어!"

나: "밤에는 추우니까 입고 가!"

아이: "안 추워. 그러니까 괜찮아."

나: "좋은 말로 할 때 입고 가!"

아이: "아, 진짜 싫다니까!"

이렇게 서로의 주장을 내세우기만 하면 서로 감정만 상할 뿐이죠. 이때는 부모가 한발 물러나서 아이의 의견을 인정해주는 게 중요합니다. 다음과 같이 표현해보세요.

나: "오늘은 그렇게 입고 나가는 거야? 코트는 안 입어?"

아이: "응, 이렇게 입을 거야."

나: "그래? 아~ 그렇게 입고 싶은 거구나(인정하기). 왜~?"

아이: "학교 가면 코트가 거추장스러우니까."

나: "밤에는 추워진다는데, 학원 갔다가 집에 올 때 괜찮을까?"

아이: "추워진대?"

나: "응, 일기예보 보니까 밤에는 춥고 바람도 분대."

아이: "음, 그럼 코트 입고 갈게. 그러다 더우면 벗지

뭐."

서로를 인정하는 대화법은
아이의 평생 자산이 된다

물론 실제로는 이렇게 대화가 잘되지 않을 수도 있습니다. 하지만 부모가 무조건 명령하기보다는 일단 인정하면서 대화를 진행하면, 아이는 반사적으로 반응하지 않고 스스로를 되돌아볼 기회를 갖게 됩니다.

아이에게 인정하는 말을 전할 때는 엄격한 말투를 쓰지 않도록 주의하세요.

"○○는 안 먹었네"를 예로 들자면 다그치는 말투가 아니라 부드러운 말투를 쓰는 게 중요합니다. 평소에 말투가 퉁명스럽거나 차갑다면 부드럽게 말하도록 노력해보세요.

이렇게 최소한 아이의 의견을 부정하지만 않아도 대립하는 대화에서 벗어날 수 있습니다. 자신의 의견이나 선택을 존중받은 아이는 이것 아니면 저것을 수동적으로 선택하는 존재에서 벗어납니다.

그러면 부모와 아이가 대등한 입장에서 새로운 커뮤니케

이션을 나눌 수 있게 됩니다.

이것은 최근에 여러 기업과 단체에서 대두되고 있는 '공감 리더십', '공동 창조 법칙'과 일맥상통합니다. 이것은 상사가 부하 직원을 리드하는 게 아니라, 상사와 부하 직원이 대등한 입장에서 서로 허심탄회하게 의견을 나누고, 팀 전체에 도움이 되는 행동을 각자 결정하고 실행하는 방식을 말합니다. 이런 새로운 기업 문화의 바탕에는 서로를 인정하고 존중하는 태도가 깔려 있습니다.

부모가 먼저 아이의 생각을 존중하면서 대화를 이끌어나가면 아이도 그대로 따라 합니다.

아이가 어렸을 때부터 상대방을 인정하는 대화법에 익숙해지면 선생님이나 친구들의 말도 방어적으로 대하지 않고 적극적으로 받아들입니다. 그렇게 되면 학교에서 친구들한테 '○○랑 이야기하면 정말 재미있다'는 긍정적인 피드백을 받을 겁니다. 어쩌면 친구들 사이에서 인기를 얻을 수도 있지 않을까요? 이런 아이가 자라서 성인이 되면 좋은 친구들이 곁에 있고, 배우자와 친밀한 관계를 유지할 수 있고, 회사 생활을 해도 상사나 고객에게 사랑받고 동료나 후배에게 존경받는 사람이 됩니다.

이 말은 서로를 인정하는 대화법을 익힌다는 것은 그 아이

의 평생 자산이 된다는 뜻입니다. 먼저 상대를 인정하는 태도
는 어떤 관계든 부드럽게 만드는 원동력입니다. 이 점을 꼭
기억하세요.

상처 주지 않으면서 아이를 혼내는 법2

인정 화법

"○○는 ○○를 좋아하는구나~."
"너는 그렇게 입는 걸 좋아하는구나~."

먼저 아이를 인정해주기만 해도,
아이의 마음은 무장해제된다.

'부정적으로
말하지 않는 나'를 만드는
세 가지 스텝

그럼 이제부터 '부정적으로 말하지 않는 나'를 만드는 세 가지 스텝에 대해 말씀드릴게요.

스텝1
내가 부정적으로 말하는 이유를 생각해본다

아이뿐만 아니라 그 누군가와 대화를 할 때 상대가 하는 말에 바로 부정적인 말로 응수하는 데에는 반드시 이유가 있을 겁니다.

'나는 왜 저 사람 말을 부정하고 싶은 걸까?'

그 이유를 생각해보세요. 아이의 말을 부정하는 순간에는
그런 생각까지 할 겨를이 없을 테니 잠들기 전이나 잠자리에
누운 다음에 찬찬히 생각해도 괜찮습니다.

'그때 왜 아이한테 그렇게 말했을까. 도대체 내가 왜 그
랬을까?'

이렇게 돌아보는 시간을 갖는 거죠. 그러면 '아이를 사랑
하기 때문에', '그렇게 해야 한다는 내 확신 때문에', '주위의
시선이 신경 쓰여서' 등 여러 가지 이유가 떠오를 겁니다. 어
쩌면 '시간에 쫓겨서 그냥 짜증이 났기 때문'일 수도 있죠. 그
어떤 이유라도 괜찮습니다. 중요한 건 이렇게 나의 하루를 돌
아보는 일을 날마다 반복하는 겁니다. 이 일을 습관화하면 잠
들기 전이 아니더라도, 화를 내거나 쌀쌀맞게 대응한 직후에
도 아차 하고 내 행동을 감지할 수 있게 됩니다. 또 한 가지 장
점은 내 생각을 파악할 수 있다는 겁니다.

'아아, 나는 이런 걸 정말 싫어하는 사람이구나.'

'아아, 이럴 때마다 내가 아이에게 부정적인 말을 했구
    나.

　이렇게 자신이 어떤 상황에서 부정적인 말을 던지는지 그
패턴을 깨닫게 된다는 거죠. 그러면 내 말과 행동을 조절하기
가 훨씬 더 수월해집니다. 저는 이것을 '이상 징후를 감지하
는 기술'이라고 부릅니다. 평소와 다른 상황이 발생했을 때
잠시 멈추고 '뭔가 좀 이상한데'라고 알아차리는 기술이죠.
이 기술이 있다면 불필요하게 부정적으로 반응하는 횟수를
현격하게 줄일 수 있습니다.

스텝2
부정적인 반응을 할 때는 정확한 이유
혹은 나의 기대를 덧붙인다

　아이가 잘못하거나 실수했을 때, 그저 다그치기만 하지는
않았나요? 이제부터는 아이에게 부정적인 말을 해야 할 때,
명확한 이유를 덧붙여보세요.
　예를 들어 부부가 조금 복잡한 이야기를 하고 있을 때, TV

를 보던 아이가 갑자기 "엄마 아빠! 저거 좀 봐!" 하고 대화에 끼어들었다고 가정해보세요. 그때 그냥 "좀 조용히 해!"라고만 말하지 말고 이유 혹은 나의 기대나 바람을 함께 전달해보는 겁니다.

예를 들어 "좀 조용히 해줄래? 지금 엄마랑 아빠가 조금 어려운 이야기를 하고 있어서 ○○가 말을 걸면 대화에 집중할 수가 없어"라고 말하는 거죠.

무심코 부정적인 말을 던졌더라도, 그 이유를 덧붙여 설명하면 아이도 부모의 마음을 이해해줍니다. 아이에게 부정할 의도가 없었다는 사실을 있는 그대로 전달하세요. 이렇게 하면 무심코 내뱉은 부정적인 말을 수습할 수 있습니다.

만약 감정이 격해진 상태라면 바로 이유를 설명할 수 없을 수도 있죠. 그럴 때는 조금 시간을 두고 마음을 가라앉힌 다음에 "아까 엄마/아빠가 큰소리 친 이유는……" 하고, 아이에게 이유를 말해주는 게 좋습니다.

◆

스텝3

부정하는 말을 생략하고 나의 기대만 전달한다

스텝2에서처럼 부정적인 반응 이후에 그 이유나 기대를 덧붙이는 작업을 하다 보면 점점 앞에 부정하는 말은 생략하고 나의 기대만을 전달할 수 있게 됩니다.

이것이 스텝3입니다.

여기까지 할 수 있게 되면 부정만 하던 딱딱한 대화가 아주 부드러운 대화로 바뀔 겁니다.

이제 세 가지 스텝을 현실 대화에 적용해볼게요.

예를 들어 학교에서 돌아온 아이가 "오늘 체육복을 까먹고 안 가져가서 체육 시간에 아무것도 못 했어"라고 말하자 "그러니까 어제저녁에 내일 가져갈 준비물 확인하라고 했잖아!" 하고 무심코 아이를 다그친 경우를 생각해보세요.

> 아이: "오늘 체육복을 까먹고 안 가져가서 체육 시간에
>   아무것도 못 했어."
> 나: (부정적으로 말하기 전에 잠시 혼자 생각한다. '체육 시간
>   에 축구 한다고 해서 모처럼 기대했을 텐데 안쓰럽네.')
>   "축구 한다고 엄청 기대하더니 못 해서 너무 속상했

겠다.”

아이: “응. 짜증 나…….”

나: “다음번 체육 수업이 언제지? 그때는 엄마/아빠랑 같이 저녁에 준비물 확인할까?(제안)”

아이: “응, 좋아!”

　이런 대화를 할 수 있다면 자연스럽게 부정적으로 말하는 일도 없어질 겁니다. 어떤가요?

　이렇게 세 가지 스텝을 의식적으로 실천하다 보면 갑자기 화를 내거나 부정적으로 말하던 습관이 점점 사라지고, 어느새 아무도 상처받지 않는 대화를 할 수 있게 됩니다.

'부정적으로 말하지 않는 나'를 만드는 세 가지 스텝

♣스텝1 내가 부정적으로 말하는 이유를
생각해본다.

'체육 시간에 축구 한다고 해서
모처럼 기대했을 텐데 안쓰럽네'라고
혼자 속으로 생각한다.

♣스텝2 부정+기대를 전달한다.

"그러니까 준비물 잘 확인하라니까!"

+

"축구 한다고 엄청 기대하더니
못 해서 너무 속상했겠다."

♣스텝3 기대만 전달한다.

"아이고, 우리 ○○ 축구 한다고
엄청 기대하더니 못 해서
너무 속상했겠다."
"다음번에는 같이 준비물을 확인해볼까?"

일방적인 대화는
부정어와 똑같다

대화 사이에 침묵은 당연한 것

부모와 아이가 대화할 때, 아이는 약자가 되기 쉽습니다. 그러므로 부모가 일방적으로 말을 계속하면 그것만으로도 아이는 부정당하는 느낌을 받을 수 있습니다. 그것이 아무리 좋은 말일지라도 마찬가지입니다. 내가 일방적으로 계속 말하면 그것 역시 부정적인 대화라는 걸 명심하세요. 여러분이 꼭 기억해야 할 부모와 자녀의 대화 규칙을 한 가지 더 말씀드릴게요.

'대화하다가 침묵하는 순간이 생겨도 침묵을 채우지 않
는다.'

이것이 바로 중요한 대화 규칙입니다. 사람은 침묵을 싫어
합니다. 부모 자식 관계가 아니더라도, 일상적인 대화나 잡담
을 나누다가 왠지 모르게 공백이 생기거나 침묵이 지속되면
불안해하는 사람도 꽤 많습니다.

공백이나 침묵을 채우려고 무심결에 말을 내뱉은 적이 한
번쯤은 있을 겁니다.

그런 마음이 들 때 잠시 행동을 멈추세요.

'아이가 침묵하고 있다고 해서 부모가 말을 계속해도 되는
것은 아닙니다.'

부모가 잠시도 쉬지 않고 말을 계속하면 아이는 그 내용을
이해할 시간이 없습니다. 아이의 언어 능력도 지금 성장하는
과정이라는 점을 잊지 마세요.

아이가 아무리 말을 잘한다고 해도, 사람의 말을 받아들이
는 '이해도'는 어른보다 높지 않습니다. 많은 양의 정보가 한
꺼번에 쏟아지면 머리가 지끈거리고 말이 나오지 않는 경우
가 많습니다. 아이는 이야기를 하나하나 처리하려고 하기 때
문입니다.

어른들도 자신이 모르는 분야에 대해 상대방이 갑자기 방대한 정보를 쏟아내면 "잠깐만요, 하나씩 차근차근 설명해주세요"라고 말하죠. 또는 머릿속에서 정보를 다 처리하지 못해서 순간적으로 사고가 멈추기도 하고요. 아이들도 마찬가지입니다.

◆ 아이와 관계가 좋아지는 '캐치볼 토크'

아이와 좋은 관계를 맺는 대화법이 궁금하다고요? 그럴 땐 '캐치볼'을 떠올려보세요.

한쪽이 일방적으로 자꾸만 공(말)을 던지면 나머지 한쪽은 공을 다 받아낼 수 없습니다. 그뿐만 아니라 공을 처리하는 데 시간이 걸리거나 다 처리하지 못할 수도 있습니다.

그런 상태에서 당신이 말을 계속하면 어떻게 될까요?

상대방은 더 이상 말할 의지도 기운도 없고, 지겨워서 '빨리 좀 끝내라', '이제 그만 좀 하지'라는 생각을 할 겁니다. 당신이 던진 공을, 아이가 받아서 이해할 수 있는 시간을 줘야 합니다. 그리고 아이가 다시 당신에게 공을 던져줄 때까지 기다려야 합니다.

이 점을 꼭 기억하세요. 그러지 않으면 부모만 계속 말하게 될 수도 있습니다.

발설하는 행위는 설령 그것이 분노라 할지라도 아드레날린이 분비되어 기분이 좋아지고, 흥분하여 스스로 멈출 수가 없습니다. 뇌과학적으로도 말할 때 활성화되는 뇌의 부위가 맛있는 음식을 먹을 때 활성화되는 부위와 똑같다고 합니다. 의식적으로 제어하지 않으면 스스로 통제할 수 없는 메커니즘이라는 걸 인식해야 합니다.

아이가 계속 입술을 깨물면서 입을 다물고 있는데도, 부모가 끊임없이 화를 내는 모습을 본 적이 있나요? 술자리에서 상사에 대해 끊임없이 푸념만 하는 사람이 있는데, 그 사람과 같은 상태라고 보면 됩니다. 이렇게 하다 보면 과거의 일까지 줄줄이 끄집어내고 말죠.

예를 들어 패밀리 레스토랑에서 뛰어다니는 아이를 혼내면서 "너 지난번에도 길에서 뛰어다니다가 다른 사람이랑 부딪칠 뻔했지? 그리고 지난주에 공원에서도……" 하며 끊임없이 야단을 치게 되는 식입니다. 분노의 불길이 점점 타올라 새로운 장작불을 지피는 상태가 되는 거죠.

이런 말을 듣는 아이의 마음에는 큰 상처가 남습니다.

아이가 '부정당한다'고 느끼는 일방적인 대화는 더 이상 대화라고 할 수 없습니다. 여러분도 지금 캐치볼 토크를 잘 하고 있는지 혹시 일방적인 대화를 하고 있지는 않은지 스스로의 대화 패턴을 잘 점검해보세요.

상처 주지 않으면서 아이를 혼내는 법3

캐치볼 토크

나: "도대체 왜 그런 거야?"

아이: "……."

나: "……."

아이: "실험해보고 싶어서……."

대화는 캐치볼이 기본이다.
한꺼번에 많은 이야기를 쏟아내지 말고,
아이의 말을 들으면서 일문일답으로 대화한다.

무심결에 화를 냈을 때 리커버리하는 방법

감정적인 대화로는 진심이 전달되지 않는다

> "아무리 버럭 화내지 않고 한숨 돌리려고 해도, 다섯 가지 스텝을 활용해보려고 해도, 무심결에 아이한테 화를 내게 돼요……."

이렇게 말하는 부모의 심정, 충분히 이해합니다. 제 생활권에서도 마트나 패밀리 레스토랑 등에서 아이한테 큰소리치는 부모들을 자주 목격합니다.

또 제가 코칭하는 회사의 리더들에게 "부하 직원한테 감정적으로 말하시면 안 돼요"라고 말하면 "선생님, 너무 늦었어요. 이미 감정적으로 말했버렸거든요"라는 대답을 자주 듣습니다.

이렇게 어른들도 일하다 보면 감정을 주체하지 못하는데, 아이를 키우는 부모라면 더하지 않을까요? 그럴 때는 리커버리하는 게 중요합니다.

리커버리란 화를 낸 다음 '차분하게 자신의 말과 행동을 돌아보고, 잘못된 점을 바로잡는 것'입니다. '진심을 다시 전하기', '잘못을 보완하기', '한 발짝 더 다가가기' 등등이 있습니다.

리커버리를 하지 않으면 부모가 전하고 싶었던 진심은 전달되지 않은 채 아이의 머릿속에는 부정당한 기억만 선명하게 남습니다. 그러면 마음의 상처가 될 뿐 아니라 죄책감이나 두려움으로 감정이 확장됩니다.

자, 그렇다면 이제부터 리커버리하는 방법에 대해 알아봅시다.

'화가 난 내 모습'을 발견했을 때 분위기를 재부팅한다

아이를 혼내다가 '아, 지금 내가 아이한테 말하기 어려운 상황을 만들어주고 있구나'라는 생각이 들었을 때는 어떻게 해야 할까요?

다음과 같은 방법을 추천합니다.

> 아이에게 간식을 준다.
> 화장실에 간다.
> 함께 동네를 한 바퀴 돌거나 쇼핑을 하러 간다.
> 아이가 토라지면 잠시 가만히 내버려둔다.

이것이 화가 난 뇌에 바람을 불어넣어 분위기를 리셋할 수 있는 방법입니다. 마치 컴퓨터가 오류를 일으킬 때 Ctrl + Alt + Delete 버튼을 눌러서 재부팅하는 것과 비슷합니다. 분노 관리 이론에서는 '분노는 6초 만에 사라진다'고 주장합니다. 따라서 커피나 차를 끓이거나 장소를 옮기기만 해도 침착함을 되찾는 시간을 벌 수 있습니다.

이렇게 환경을 조성했다면 커뮤니케이션의 세 가지 방법

인 '전달하기', '경청하기', '대화하기' 중에서 세 번째 '대화하
기'로 넘어갈 차례입니다.

대화 분위기 재부팅하기

아이에게 간식을 준다.
화장실에 간다.
함께 동네를 한바퀴 돌거나 쇼핑을 하러 간다.
아이가 토라지면 잠시 가만히 내버려둔다.

···

아이에게 너무 화가 나거나
이미 아이에게 화를 내버렸을 때는
컴퓨터를 재부팅하듯이 분위기를
재부팅해보세요.

'You 메시지'가 아니라 'I 메시지'를 사용한다

'너(아이)'를 주어로 하지 않는다

앞에서 부모 자식 간에 심리적 안정감이 얼마나 중요한지, 어떻게 해야 심리적 안정감을 높일 수 있는지에 대해 말씀드렸죠. 이번에는 심리적 안정감을 유지하면서 아이를 혼내는 방법이 뭔지 이야기해볼게요. 먼저 주의해야 할 점은 'You 메시지로 혼내지 않는다'입니다.

You 메시지란 '너(아이)'를 주어로 하는 메시지를 말합니다. 예를 들면 이런 문장입니다.

"○○는 항상 공부를 안 하잖아! 공부 좀 똑바로 해!"

"○○는 언니(오빠)니까 더 잘해야지!"

"○○는 몇 번을 말해도 모르네."

You 메시지는 엄밀히 말하면 주어가 있든 없든 상관없습니다. 이름을 부르거나 너라고 말하지 않고, "몇 번을 말해도 모르네"라고만 해도 이미 말 속에 'You'라는 주어가 생략돼 있기 때문이죠.

"(○○는) 몇 번을 말해도 모르네."

"(○○야) 똑바로 해."

이 문장에는 주어가 생략되어 있지만, 이 말을 들은 아이는 자신이 비난당하고 있다는 걸 체감하고 있습니다. 이렇게 You 메시지로 야단을 맞은 아이는 '나는 미움받는다', '나는 부정당한다'고 느낍니다. 부모에 대한 심리적 안정감이 떨어지는 건 당연한 결과입니다.

이것은 어른들도 마찬가지입니다. 예를 들어 부하 직원에게 You 메시지로 부정적인 말을 던지면서 심리적 안정감을 떨어뜨리는 리더가 많습니다. 그러므로 You 메시지는 대표적인 부정적 표현이라고 생각하시고 사용하지 않도록 주의하세요.

◆ 'You 메시지'를 피하는 방법

You 메시지를 피하려면 사실을 있는 그대로 전달하는 것이 중요합니다.

예를 들자면 이런 식입니다.

> **"이건 안 된 것 같은데."**
> **"이거 내가 몇 번 얘기한 것 같은데, 기억나?"**

이런 식으로 표현하면 아이를 직접적으로 공격하지 않고도 메시지를 전할 수 있습니다. 또한 'You 메시지' 대신 'I 메시지'를 사용하면 효과적입니다. I 메시지는 분노나 슬픔 등 자신의 일차적인 감정을 전달할 때 유효합니다.

> **"엄마는 지금 조금 화가 나거든."**
> **"아빠는 ○○가 말을 들어주지 않아서 좀 슬퍼."**

이렇게 말하면 아이도 '아, 엄마/아빠는 지금 이런 감정을 느끼고 있구나'라고 이해할 수 있습니다. 그리고 이런 표현을 선택하면 스스로 자신의 감정을 조망하는 '메타 인지'를 기를 수도 있습니다.

그런데 대화를 하다 보면 주어를 생략하는 경우가 많죠. 주어를 말하기 어려울 때 마지막에 "~라고 나는 생각하는데, 너는 어때?"라고 붙이면 I 메시지로 바꿀 수 있습니다.

'I + 누구누구한테'라는 구문으로 말하면 더욱 명확하게 전달됩니다.

"엄마는 지금 너한테 엄청 화났어."
"아빠는 너한테 실망했어."

약간 영어식 표현처럼, 누가 누구에게를 생략하지 않는 화법을 써보세요. 이 말을 할 때는 매우 정중한 태도로 해야 합니다. 그렇지 않으면 가시 돋친 말투로 느낄 수도 있으니까요. 이 말투를 사용하면 서로 해석을 잘못하는 불상사를 막을 수 있습니다.

아이에게 '부모의 기분'은 가장 큰 관심사입니다.

따라서 아이를 혼낼 때도 I를 생략하지 말고, "나는 지금 너무 화난다"고 차분하게 말하면 됩니다. 이 말을 정중하게 하면 굳이 분노를 표출하지 않고도 자신의 기분을 충분히 전달할 수 있습니다. 이렇게 감정을 주고받는 연습을 꾸준히 하면 부모와 아이가 서로를 이해할 수 있는 환경이 자연스럽게 조성됩니다.

'You 메시지'를
'I 메시지'로 바꿔서 사용하기

"너는 도대체 맨날 왜 이러는 거야?"

↓

"엄마는 지금 너한테 좀 실망했어."

'We 메시지'로
집안 분위기를 띄운다

지적하는 대화보다는 공통의 소망을 찾아보기

'You 메시지'와 'I 메시지'에 대해 말씀드렸는데, 'We 메시지'도 소개할게요.

아이를 혼낼 때, 무심결에 "다 너를 위해서 하는 말이야"라고 말하는 경우가 있습니다. 그런데 이 말을 쓰면 대화는 자연스럽게 고압적, 강제적, 명령적으로 변질될 위험이 있습니다. 따라서 여기서도 '너'가 아니라 '우리' 즉 'We'를 중점에 두고 이야기를 해보세요.

저는 '부모 자식 관계는, 가정이라는 문화를 만들어가는 파트너십'이라고 생각합니다. 우리 집의 문화와 가치관 등을 함께 만들어가는 동반자인 셈이죠.

'부족한 점을 지적하는 대화'도 간혹 필요할 때가 있지만, 그보다는 '서로가 공통적으로 바라는 본질적인 소망이 무엇인지를 공유하는 대화'가 더 중요합니다.

> "우리(We) 사이 좋게 지내보자."
> "우리 앞으로 이런 일도 함께 해볼까?"

이런 식으로 '우리'를 중심으로 서로 원하는 걸 이야기하다 보면 평소의 대화뿐 아니라 혼내는 방법도 자연스럽게 바꿀 수 있습니다. 예를 들어 "빨리 숙제해! 숙제하고 나서 게임하면 되잖아!"라고 명령조로 이야기했다면 이렇게 바꿔보는 겁니다.

> "있잖아, 잠깐 내 얘기 좀 들어줄래? 우리 저녁 먹고 나서 오늘 있었던 일을 한 가지씩 이야기해볼까? 그러려면 엄마/아빠도 빨리 일을 끝내려고 노력할 거니까 ○○도 밥 먹기 전에 숙제를 다 끝내면 좋겠는데 어때? 그리고 게임하는 시간도 이제부터는 몇

시부터 몇 시까지 할지를 미리 정해두면 좋겠는데,
○○ 생각은 어때?"

이런 제안에 아이가 동의한다면 '숙제는 밥 먹기 전에 끝낸
다', '게임은 정해진 시간에만 한다'라는 우리 집의 새로운 문
화를 함께 만들어갈 수 있습니다.

◆ 아이와 함께 규칙을 만든다

아이와 함께 규칙을 만들고 문화를 만들어가는 건 아직 이르
다고 생각하는 분들도 있을 겁니다. 그런데 어떤 규칙을 정할
때 부모가 독단적으로 정하지 않는 게 중요합니다.

제 경험에 비추어볼 때, 새로운 규칙을 정할 때 아이에게
진지하게 의논을 하면 의외로 잘 이해하고 받아들이더군요.
어른들이 생각하는 것보다 아이들은 훨씬 더 성숙합니다. 그
러므로 진지한 대화는 일찍부터 시작하는 걸 추천합니다.

우리 집은 다섯 살짜리 아들과도 진지한 대화를 하려고 노
력합니다. 아이가 대화의 100퍼센트를 이해하는지 아닌지는
나이, 기질, 성격, 상황 등에 따라 다르지만 이런 대화를 반복

하면 아이는 자기 스스로 규칙을 정하면서 자율성을 기르게 됩니다.

우리 집 이야기를 하자면 '선생님이 시킨다고 해서 숙제를 다 할 필요는 없다'는 문화 만들기를 시도하고 있습니다.

"아이한테 그런 말을 해도 되나요?"

이렇게 생각하는 분들도 있을 텐데 오해하지 마세요. 선생님이 시킨다고 해서 숙제를 기계적으로 하거나 마지못해 하는 것이 아니라, 그 숙제의 의미와 숙제를 하는 게 자신의 삶에 어떤 도움이 되는지를 생각해봤으면 좋겠다는 '바람'을 담은 우리 집만의 교육 방식입니다.

실제로 아이에게 말할 때는 신중하게 표현을 골라서 전달하려고 노력합니다. 예를 들면 다음과 같습니다.

"이 숙제를 하는 게 어떤 의미가 있는지, 이 숙제를 통해 무엇을 배우는 게 목적인지를 이해하고 나서 숙제하는 게 좋겠는데, 어떻게 생각해?"

저희 집의 예는 조금 극단적일 수도 있습니다. 다만 '우리 집 문화는 부모와 아이가 함께 만들어간다'는 마음가짐에 대해서는 이번 기회에 꼭 한번 생각해보세요. 적어도 '친구들은 다 ○○ 게임을 가지고 있으니까 우리 아이한테도 사줘야지!'라는 맹목적인 사고방식에서는 벗어날 수 있습니다.

상처 주지 않으면서 아이를 혼내는 법 6

'We 메시지' 사용하기

"너는 아직도 숙제를 안 하고
게임하고 있으면 어떡해!"

↓

"우리 숙제 마치고 나서
오늘 있었던 일
한 가지씩 이야기해보면 어때?"

범인을 취조하듯
질문하지 않는다

불안을 느끼게 하는 말은 하지 않는다

아이에게 심리적 안정감을 주고 싶다면 의도를 숨긴 채 대화하지 않도록 주의하세요.

의도를 숨긴 채 대화한다는 게 무슨 뜻이냐고요? 처음부터 궁금한 것을 그냥 물어보면 되는데, 마치 결론을 다 알고 있는 것 같은 분위기를 풍기면서 범인을 취조하듯이 아이에게 질문을 던지는 대화 방식입니다.

예를 들어 퇴근하고 집에 들어갔더니 화분이 깨져 있었다고 칩시다. 당신이 아끼던 화분이라 너무 화가 났지만 당신은 일단 혼내고 싶은 마음을 숨기고 부드러운 말투로 "잠깐 얘기 좀 할래?"라고 말을 건넨 다음 아이를 눈앞에 앉힙니다. 그러고는 평온한 척하면서 아이한테 "너, 오늘 집에서 뭐 했어?", "나(엄마 또는 아빠)한테 할 말 없어?"라고 묻는 거죠.

어른들끼리도 이런 대화를 할 때가 있는데, 듣는 사람 입장에서는 두려움을 느끼게 되는 대화법입니다.

저는 이런 대화를 '범인 잡기 대화'라고 부릅니다. 하고 싶은 말은 숨긴 채 취조하듯이 질문하는 대화 방식이죠. 아이 입장에서는 무슨 말을 하는 건지 도통 이해가 안 되고, 머릿속은 온통 물음표로 가득 차게 됩니다. 이 대화법은 협박에 가깝고, 아이의 심리적 안정감을 파괴하기 때문에 절대로 쓰면 안 됩니다. 이럴 때는 아이가 부모의 의도를 쉽게 알 수 있게끔 단도직입적으로 무슨 일이 있었는지 물어보면 됩니다.

> 나: "○○야, 베란다에 화분 하나가 깨져 있던데 혹시 어떻게 된 건지 말해줄 수 있을까?"
> 아이: "아, 사실은 아까 내가 공 가지고 놀다가 실수로 그랬어. 미안해 엄마/아빠."
> 나: "아 그런 일이 있었구나. 솔직하게 말해줘서 고마워. 앞으로는 조심하자."

이렇게 부모의 의도를 있는 그대로 드러내면서 질문해야 아이도 솔직하게 자신의 실수를 숨기지 않고 말하게 됩니다. 만약 이때 부모가 너무 무섭게 반응하면 아이는 지레 겁을 먹고 거짓말을 하거나 딴짓을 하게 될 수도 있습니다.

또 한 가지 예를 들면 저의 경우에는 작업실이 있는 2층에는 아이가 올라오지 못하게 합니다. 그런데 그럼에도 간혹 아이가 올라올 때가 있습니다. 그럴 때 아이에게 "너 왜 왔어!", "누가 2층 올라오라 그랬어!"라고 취조하듯 대화하지 말라는 거죠. 대신 이렇게 말하면 됩니다.

> **"2층은 아빠가 집중해서 일하는 곳이니까 가능하면 올라오지 않기로 우리 약속했지?"**
> **"아빠가 일하는 시간에는 올라오지 말라고 했는데, 왜 올라온 거야? 급한 일 있어?"**

이렇게 아이에게 이유를 설명하거나 타당한 이유가 있는지 물으면서 대화의 실마리를 풀어나가면 됩니다.

굳이 취조하듯 질문하지 않아도 자신의 의도를 아이에게 정확하게 전달하면 된다는 거죠. 그러면 아이는 '이럴 때는 이야기해야 한다', '이럴 때는 혼난다', '이럴 때는 하면 안 된다'

등 자신의 행동 패턴을 정리할 수 있고 심리적 안정감을 느낄 수 있습니다.

'범인 잡기 대화'는 하지 않는다

"뭐 할 말 없어?"
"뭐 잊은 거 없어?"
"자수하여 광명 찾자."

↓

"○○야, 화분이 깨져 있던데,
어떻게 된 건지
말해줄 수 있을까?"

4장

왜
누가 시키면
더 하기 싫을까?

아이가 알아서 하게 만드는 대화법

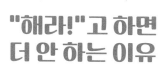

"해라!"고 하면
더 안 하는 이유

부정하지 않는 대화법의 두 가지 대원칙

이번 장에서는 아이가 알아서 자기 일을 하게 만들려면 어떻게 대화해야 하는지 이야기해보겠습니다. 여기에는 두 가지 원칙이 있습니다.

> 원칙1 인간은 본능적으로 다른 사람이 '하라'고 하면
> 하기 싫어진다.
> 원칙2 인간은 다른 사람이 결정한 것보다 자신이 결
> 정한 것을 먼저 한다.

먼저 이 두 가지 대원칙을 기억해두세요.

'인간은……'이라는 말에서도 알 수 있듯이, 아이뿐 아니라 어른에게도 적용되는 원칙입니다.

예를 들어 당신이 인터넷에서 마음에 드는 상품을 발견해서 그걸 사기 위해 매장에 갔다고 가정해보세요. 당신이 그 상품을 집어들자마자 매장 직원이 "오늘까지만 세일하니까 지금 빨리 사세요!"라고 강력하게 권유하자 갑자기 구매 욕구가 싹 사라진 적이 있지 않나요?

혹은 어렸을 때 공부하려고 마음먹고 책상 앞에 앉았는데 부모님이 "빨리 공부해!"라고 말하는 순간, 공부에 대한 의욕이 순식간에 사라진 적은요?

당신이 그랬듯이 당신의 아이도 마찬가지입니다. 부모한테 "빨리 숙제해!"라는 말을 들으면 '아, 지금 이 게임 한 판만 끝나면 숙제하려고 했는데!'라는 생각이 들면서 하고 싶었던 의욕이 갑자기 사라집니다. 그러면 어떻게 해야 할까요?

부모와 자식의 대화는 말투가
90퍼센트를 좌우한다

시켜서 하는 게 아니라 스스로 하고 싶은 마음이 들도록 대화를 디자인하세요.

앞에서 예로 든 매장 직원이라면 다음과 같이 말하는 거죠.

> "이 제품은 스테디셀러라서 언제든지 재고가 있어요.
> 그러니까 서두르지 않으셔도 되는데, 사실 이 상품이
> 오늘까지 세일이라서 평소보다 아주 저렴하게 판매
> 하고 있다는 점만 말씀드릴게요."

앞선 대화도 그렇고 지금 대화도 그렇고 '오늘 사는 게 좋다'고 말하는 건 똑같습니다. 그런데 어떤 뉘앙스와 말투를 쓰느냐에 따라 '필요 없다'고 느끼기도 하고, '필요 있다'고 느끼기도 하죠. 이렇게 말투 하나에 따라 사람의 마음이 달라질 수 있다는 게 중요합니다.

이제 다시 숙제 이야기로 돌아가보죠. 아이한테 '빨리 숙제해!'라고 명령하면 아이는 '하기 싫다'는 감정이 불쑥 들 수도 있습니다.

그렇다면 "숙제는 언제쯤 할 수 있을 것 같아?"라고 표현하면 어떨까요? 아니면 좀 더 과감하게 "오늘 숙제는 할 생각이지?"라고 말하는 것도 재미있을 겁니다. 또는 "오늘 숙제 중에서 제일 재밌을 것 같은 건 뭐야?"라고 물어보거나, 간단하게 "숙제는 어떻게 할 거야?"라고 표현하는 것도 좋습니다.

요컨대 부모가 강요한다는 인상을 주지 않고, '아아, 숙제……, 해야지!' 하고 아이가 자발적으로 행동하게끔 이끌어주는 말을 고민하고 찾아내는 게 중요합니다.

> 명령어 대신
> '스스로 하고 싶게끔 만드는 말'을
> 써본다

"빨리 숙제해!"

↓

"오늘 숙제 중에서
제일 재밌을 것 같은 건 뭐야?"

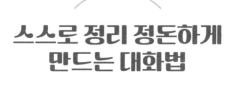

스스로 정리 정돈하게
만드는 대화법

인간은 다른 사람이 결정한 것보다 자신이 결정한 것을 먼저 한다.

이 대원칙을 이용해서 정리 정돈을 안 하는 아이에게, 정리 정돈을 시키려면 어떻게 해야 할까요? 그 방법으로는 다음과 같은 것들이 있습니다.

스스로 정리 정돈하게 만드는 대화법 ①
커밋(commit, 약속)하게 만든다

아들이 어린이집에 다니던 시절의 일입니다. 이제 곧 어린이
집에 갈 거라고 했는데도 그날따라 준비하지 않고, 종이비행
기를 날리는 데 열중하고 있더군요.

"이제 어린이집 갈 시간이니까 빨리 옷 갈아입어."

그렇게 말해도 종이비행기를 날리는 걸 멈추지 않았죠. 그
래서 저는 이렇게 말했습니다.

> "앞으로 종이비행기 몇 번 더 날리면 어린이집 갈 거
> 야?"

그러자 아들은 "○번 날리면 갈래" 하고 스스로 약속하더
군요. 아들은 자신이 약속한 수만큼 종이비행기를 날리자 만
족했는지 "아빠, 이제 가자!"고 말하며 스스로 옷을 갈아입었
습니다.

'빨리 옷 갈아입어'는 다른 사람이 시키는 말입니다.

하지만 '종이비행기를 ○번 날리면 옷을 갈아입는다'는 스
스로 결정한 거죠. 다시 한번 강조하는데, 인간은 '스스로 결

정한 일을 먼저 하는' 존재입니다. 이 대원칙을 응용하면 게임을 하느라 좀처럼 정리 정돈을 안 하는 아이와 이런 대화를 할 수 있습니다.

"그 게임, 어느 레벨까지 하면 끝내고 치울 거야?"
"그 게임 몇 시까지 하고 나서 정리할 거야?"

이 질문에 아이가 "앞으로 10분 정도만 더 하면 ○○까지 가니까 그다음에 치울게", "9시까지 하고 나서 정리할게"라고 약속하면, 그것은 아이가 스스로 결정한 일입니다.

이렇게 아이가 스스로 약속하게 만들면 부모가 임의로 시간을 제한하는 것보다 훨씬 더 순조롭게 행동으로 옮길 수 있습니다.

스스로 정리 정돈하게 만드는 대화법②
베니핏(benefit, 혜택)과 리스크(risk, 위험)를
자세히 설명한다

또 한 가지는 '베니핏을 자세히 설명'하는 방법입니다. 이것은 정리 정돈을 하면 어떤 좋은 혜택(장점)이 있는지 대화를 통해 깨닫게 하는 방법이죠. 동시에 반대되는 점을 알려주는 것도 효과적입니다. 즉, 정리 정돈을 하지 않으면 어떤 위험 (손실)이 있는지를 설명하는 방법이죠. 예를 들면 다음과 같은 표현이 있습니다.

> "깔끔하게 정리하면 기분이 어떨 것 같아?"
> "서랍에 잘 넣어두면 다음에 쓰고 싶을 때 바로 찾을 수 있어."

이것은 얻을 수 있는 혜택입니다. 이제 반대로 생각해볼 게요.

> "정리 정돈 안 하면 밟아서 망가뜨릴 수도 있어."
> "평소에 잘 치워두지 않으면 소중한 장난감을 못 찾을 수도 있어."

하지 않음으로써 얻을 수 있는 나쁜 일, 바로 손실을 알려 주는 거죠.

이렇게 정리 정돈을 하면 어떤 베니핏을 얻을 수 있는지,

어떤 리스크가 있는지를 알려주면서 아이가 스스로 치울 수 있도록 유도하세요.

스스로 정리 정돈하게 만드는 대화법 ③
할 일을 세분화한다(chunk-down 기법)

방 안이 온통 장난감으로 어질러져 있으면 치우는 것도 힘들죠.

이때는 해야 할 일을 세세하게 나누고, 단계별로 만들어서 아이한테 전달하세요. 이것은 큰 과제를 해결할 때, 과제를 잘게 쪼개서 생각하는 '청크다운(chunk-down)' 기법입니다. 한꺼번에 모든 것을 다 정리하는 게 아니라 부분적으로 나누어서 할 수 있게 유도하는 거죠.

> "오늘 몇 개 정도 치울 수 있어?"
> "몇 시까지 정리할 수 있어?"

이렇게 세분화해서 아이에게 질문하세요. 그러면 아이는 "○개는 치울 수 있어", "○시까지는 정리할 수 있어" 등 스스로 결정해서 부모에게 알려줄 겁니다.

정리 정돈은 시작하기 전까지는 막막하지만, 막상 시작하면 의외로 끝까지 하게 되는 경우가 많습니다. 따라서 어떻게 하면 아이가 '기분 좋게' 정리 정돈을 시작할 수 있는지에 초점을 맞춰서 대화하는 게 중요합니다.

결과적으로 아이가 스스로 결정한 일을 해냈다면 "○개나 치웠네", "○시까지 정리했네" 하고 칭찬해주세요. 이것을 코칭에서는 인정하고 칭찬하는 기술이라고 부르며, 자기 긍정감을 향상하는 데 큰 도움이 됩니다. 아이에게 인정하고 칭찬하는 말을 건네세요. 그리고 아이와 함께 작은 성취를 기뻐하세요.

스스로 정리 정돈하게 만드는 대화법④
정리 정돈을 게임화한다

아동 문학의 고전으로 꼽히는 『톰 소여의 모험』에는 이런 장면이 나옵니다. 어느 날 톰은 장난을 친 벌로 이모가 시킨 페인트칠을 하게 됩니다. 그런데 이때 톰은 하기 싫은 페인트칠을 정말 즐겁게 하는 것처럼 연기합니다. 그 모습을 본 장난

꾸러기 친구가 "나도 좀 해보자"고 애원하고, 톰은 친구한테 페인트칠을 하게 만든다는 이야기입니다.

이 이야기는 상대방에게 흥미를 불러일으켜 행동하게 만드는 대표적인 사례입니다. 이것을 아이가 정리 정돈하게 만드는 대화법으로 만들면 이렇게 표현할 수 있습니다.

> "누가 더 빨리 치우는지 시합해볼까?"
> "○시까지 정리할 수 있는지 없는지 한번 해볼까?"

정리 정돈을 잘 하지 않는 아이의 머릿속을 상상해보세요. 어쩌면 '정리 정돈＝귀찮은 일'이라고 생각할 수도 있습니다. 여기서 놀이 요소나 게임처럼 경쟁 요소를 넣으면 '귀찮은 일'에서 '즐거운 일'로 바꿀 수 있습니다. 이것도 부모가 할 수 있는 노력 중 하나입니다.

◆ 스스로 정리 정돈하게 만드는 대화법⑤
도전 정신과 반발심을 자극한다

> "너라면 5분 만에 정리할 수 있어."

"아직 어려서 혼자 정리하는 건 힘들 것 같은데."

"○○한테 이건 너무 어려워서 아직 못해. 미안 미안."

이런 말로 아이의 반발심과 도전 정신을 자극하세요. 아이에게는 무한한 가능성이 있기 때문에 그 잠재력에 빛을 비추어 의욕을 불러일으키는 겁니다. "아직 어려서 힘들 것 같은데", "너무 어려워서 아직 못해"라는 말은 언뜻 부정적인 말로 생각하기 쉬운데, 이것은 코칭 기법 중 하나인 '역발상 대화법'입니다. "힘들 것 같다"는 말을 들으면 '할 수 있는 방법'을 생각해내는 인간의 사고 본능을 응용한 방법이죠.

이렇게 도전 정신을 자극하는 말을 할 때는 유쾌하게 말하는 게 포인트입니다. 너무 진지하게 말하면 정말 부정적으로 느낄 위험이 있습니다. 말투를 약간 가볍게 하거나 표정을 부드럽게 하세요. 그러면 아이에게 당신의 긍정적인 의도를 충분히 전달할 수 있습니다.

스스로 정리 정돈하게 만드는 대화법

①커밋(commit, 약속)하게 만든다.

"그 게임 몇 시까지 하고 나서 정리할 거야?"

②베네핏(benefit, 혜택)과 리스크(risk, 위험)를
자세히 설명한다.

"정리 정돈 안 하면
밟아서 망가뜨릴 수도 있어."

③할 일을 세분화한다(chunk-down 기법).

"오늘 몇 개 정도 치울 수 있어?"

④정리 정돈을 게임화한다.

"누가 더 빨리 치우는지 시합해볼까?"

⑤도전 정신과 반발심을 자극한다.

"너라면 5분 만에 정리할 수 있어."

아이가
약속을 지키지 않을 때는
어떻게 해야 할까?

과거를 캐묻는 대화가 아니라
미래를 개척하는 대화를 한다

아이가 스스로 하겠다고 했던 일을 결국 하지 않았을 때, 즉 약속을 어겼을 때 어떻게 해야 할까요? 이때 "왜 안 했어?"라고 이유를 묻는 건 바람직하지 않습니다. 이렇게 물어보는 건 '변명을 유도하는 질문'이 되기 십상이죠.

> 나: "숙제하겠다고 하더니 안 했네. 왜 안 했어?"
> 아이: "원래는 외출하고 돌아와서 하려고 했거든.

근데 집에 오니까 꼭 보고 싶은 TV 프로그램이 시작하는 거야. 그것만 보고 나서 숙제하려고 했는데, 씻고 나니까 너무 졸려서……."

이런 식으로 계속 핑계만 늘어날 뿐이죠. 사실 아이도 숙제를 못한 이유를 말할 기회를 엿보고 있습니다. 부모님이 물어보길 기다렸다가 이참에 핑계를 대는 거죠. 대화 코칭 기법에서는 이럴 때 사실만 이야기하고 입을 다물라고 조언합니다.

"숙제 안 했네."

딱 이 말만 하는 거죠. 아이가 참지 못하고 변명을 하면 그 변명을 그대로 되풀이한 다음 "그래서?" (부드러운 표정과 말투로)라고 되묻습니다. 아니면 "다음부터는 어떻게 할 거야?"라고 물어봐도 좋습니다. 그러면 아이는 "다음부터는 숙제 잘할게요"라고 대답할 겁니다. 이렇게 '미래지향적인 대화로 이어지는 질문'을 하세요.

여기서 흥미로운 점이 하나 있습니다. "왜?"라고 물으면 '과거의 변명'으로 이어지고, "어떻게 할 거야?"라고 물으면 '미래의 새로운 약속'으로 이어진다는 점입니다. 아이에게 내가 어떻게 질문하느냐에 따라 과거를 재생하기도 하고 미래를 계획하기도 한다는 점을 꼭 기억하세요.

과거가 아니라
미래에 대해 질문한다

"숙제 왜 안 했어?"

↓

"다음부터는 어떻게 할 거야?"

뭔가를 시키고 싶을 때, 'Let's~'라고 말한다

같이 한번 해보자

여러분은 양치질하기 싫어하는 아이한테 뭐라고 말하시나요?

양치질하지 않으면 충치가 생기기 때문에 어른이라면 귀찮더라도 해야 한다는 걸 압니다. 그런데 이런 당연한 일반상식이나 가치관이 때로는 걸림돌이 됩니다. 왜냐고요? 아이가 '스스로 결정하도록 유도한다'는 게 가장 좋다는 걸 알면서도 어느새 마음속에서는 "양치질해!"라고 명령어로 말하고 싶어지기 때문이죠.

이럴 때 효과적인 대화법은 'Let's~' 구문입니다. "양치질해!", "왜 양치질 안 해?"가 아니라 "자, 양치질해보자!"고 말하는 거죠. 또 "같이 이 닦자!!"고 말하면서 실제로 같이 양치질해도 좋습니다.

'Let's~'는 'Let us'의 축약형으로, 이 구문은 상대방에게 제안이나 권유를 할 때 자주 씁니다. 우리말로 하면 "~해보자!"라는 뉘앙스의 말입니다.

이 문장은 당연히 제안이나 권유이기 때문에 상대방이 받아들일 수도 있고, 거절할 수도 있습니다. 만약 아이가 거절하더라도 '그럴 수도 있지' 하고 크게 신경 쓰지 말고, 다음날 저녁에 가벼운 마음으로 다시 한번 시도해보세요.

명령어를 권유어로 바꾼다

일상생활에서 제안이나 권유를 자주 하다 보면 아이도 점차 익숙해져서 받아들일 수 있는 일이 많아질 겁니다. 한 번 거절당하더라도 포기하지 말고 한동안 계속 시도해보세요.

예전에 TV에 출연했을 때, 사회자가 "숙제를 안 하는 아이에게 뭐라고 말해야 하나요?"라고 질문하길래 "'도와줄까?'

라고 하면 어떨까요?"라고 대답한 적이 있습니다. 그런데 그 장면을 두고 인터넷에서 뜨거운 논쟁이 벌어졌습니다.

"전문가라는 사람이 아무것도 모르네. 왜 부모가 아이의 숙제를 도와줘야 하는데!", "아무것도 모르면서 저렇게 말하다니 너무 무책임하네"라는 댓글들이 많았습니다. 하지만 저는, 아이가 해야 할 일을 부모가 시킬 때 'Let's~' 구문을 써서 대화해보길 권하면서 한 가지 예를 든 것뿐입니다.

실제로 부모가 이렇게 말하면 아이는 "괜찮아, 나 혼자 할 수 있어"라고 말합니다. 부모가 '숙제해'라고 명령어로 말하는 것보다 훨씬 효과적입니다. 이때 사건으로 저는 TV 방송에서 짧게나마 진심을 전달하는 게 얼마나 어려운지를 새삼스레 깨달았습니다.

만약 "도와줄까?"라고 말했는데 아이가 "응, 같이 해", "정말? 그럼 도와줘"라고 말한다면 같이 하면 됩니다. 같이 해보면서 아이와 심리적 거리를 좁히는 기회로 삼으면 될 일입니다. 제 어린 시절을 떠올려보면 숙제를 도와주는 부모님과 대화를 나누는 게 아주 즐거웠습니다.

아이와 정서적 유대감을 쌓고 대화를 나누는 기회는, 아이가 성장할수록 점점 줄어듭니다. 그러니 대화할 기회를 자주 만들고, 함께 뭔가를 하게 된다면 '지금 이 시기밖에 할 수 없는 경험'이라 생각하면서 마음껏 즐겨보세요.

아이가 알아서 하게 만드는 대화법 3

명령어 대신
'~해보자'고 말한다

"빨리 양치질해!"

↓

"자, 양치질해볼까요!"

아이가 말을 듣지 않을 때는 '역발상 대화법'

◆ 스스로 생각하고 판단하는 힘을 길러주자

앞에서도 언급했지만, 코칭 기법 중 하나로 '역발상 대화법'
이 있습니다. 이것은 대화할 때, 상대방이 예상하는 대답과
정반대로 대답하는 기술입니다. 예를 들어볼게요.

> 나 : "여름방학 숙제, 오늘 했어?"
> 아이 : "아니, 그냥 하기 싫어서 아직 안 했어⋯⋯."
> 나 : "그래? 그럼 하지 마~!"

이런 뉘앙스입니다. 역발상을 하면 무조건 혼내거나 강요하는 말을 피할 수 있습니다. 아이는 부모한테 당연히 '~해!'라는 말을 들을 거라고 생각했기 때문에 예상치 못한 말을 들으면 '어?' 하고 놀랍니다.

> **아이 :** "어? 안 해도 돼?"
> **나 :** "그래~! 하기 싫잖아."

그러고 나서 한마디 덧붙입니다.

"반대로 하고 싶은 숙제는 없어?", "언제쯤 하고 싶어질 것 같은데?", "안 하면 어떻게 될 거라 생각해?" 등을 아이에게 물어보세요. 여기서 중요한 건 정말로 숙제를 하지 말라고 권장하라는 게 아니라 대화의 순서를 바꿔보라는 말입니다.

궁극적으로 숙제를 할 수 있는 방법은 없는지, 숙제를 하지 않으면 어떻게 될지 미래를 차분하게 예측할 수 있도록 기회를 주는 거죠. 이런 대화를 하면, 아이는 '스스로 생각하고 판단하는 힘'을 기를 수 있습니다.

대화 코칭 기법에서는 과거가 아니라 미래에 대해 이야기하는 것이 기본입니다. 아이와 일상 속에서 나누는 사소한 대화도 이 점을 염두에 두고 시작해보세요.

아이가 모른다고 할 때는
역발상 대화법을 쓰자

"숙제를 안 하면 어떻게 될까?"

아이에게 이렇게 물어보면 모른다고 대답할 수 있습니다.

이것은 아이의 특기입니다. 실제로 모르기 때문에 어쩔 수 없는 일이죠.

이때 알 거 다 아는 어른인 당신은 "숙제를 안 하면 학교에서……" 하고 일장 연설을 늘어놓을 수도 있습니다. 설명하기 귀찮을 때는 "모르겠으면 내 말대로 해!"라고 단호하게 말하겠죠. 조금 짜증이 나면 "모르겠다고만 하지 말고 생각을 좀 해봐!"라고 다그칠 수도 있고요.

이러한 대처는 코칭에서는 권장하지 않는 방식입니다. 아이가 모른다고 말하면 뭐라고 해야 할까요?

> "모르겠어~? 그럼 잘 설명하지 못해도 괜찮으니까
> ○○가 아는 걸 얘기해줄래?"
> "모르겠어~? 그러면 반대로 아는 건 뭐야?"

이렇게 물어보면 아이는 그럭저럭 자신이 아는 것을 이야기해주기 마련입니다.

'모른다'는 대화의 끝이 아니라 대화의 시작점입니다.

그리고 '모른다'는 말에는 '말하고 싶지 않다'는 뜻이 내포된 경우가 많습니다. 그러므로 "말하고 싶은 것만 말해도 되니까 괜찮으면 알려줄래?"라고 이야기하는 게 좋습니다.

아이가 알아서 하게 만드는 대화법 4

역발상 대화법
아이가 예상하는 대답과 정반대로 이야기한다

"빨리 숙제해!"

"하기 싫으면 하지 마."

5장

너는
어떻게
하고 싶어?

아이의 자기 긍정감을 높여주는 대화법

마법의 한마디, "너는 어떻게 하고 싶어?"

당사자에게 결정권을 넘겨줘라

지금까지는 아이의 말을 부정하지 않는 대화법에 대해 주로 이야기했습니다. 이번 장에서는 아이의 자기 긍정감을 높여주는 대화법에 대해 말씀드릴게요. 대화 코칭 기법 중에 자기 긍정감을 높여주는 마법의 문장이 있습니다. 바로 "너는 어떻게 하고 싶어?"라는 질문입니다.

이 질문을 받은 사람은 어른이나 아이나 할 것 없이 자기 자신의 욕구에 대해 생각하게 되기 때문에 기본적으로 마음을 열게 되어 있습니다. 그런데 제가 기업의 리더들에게 이렇게 코치하면 꼭 아래와 같이 반론을 제기하는 분들이 있습니다.

"거 참, 직원들한테 그렇게 물어보면 다들 멋대로 지껄여서 골치 아파져요!"

정말 그럴까요? 제 경험상 결코 그렇지 않았습니다. 경영자나 리더들이 지레짐작으로 겁을 먹고 이렇게 예단하는 경우가 오히려 더 많습니다. 직원들도 나름대로 자기 생각이 있기 때문에 결코 멋대로 지껄이지 않습니다. 여러 가지 요인을 고려해서 그 사람 나름대로 최선의 선택을 하고 나서 대답하는 경우가 훨씬 많습니다. 오히려 이런 질문을 자주 던졌을 때 리더가 혼자서 생각할 수도 없는 참신한 아이디어가 나오기도 합니다. 여기서 핵심은 당사자에게 자기 결정권을 넘겨주라는 말입니다.

무슨 일이든 윗사람(회사라면 상사, 가정이라면 부모)이 지시나 명령부터 내리는 게 아니라, 먼저 당사자(회사라면 직원, 가정이라면 자녀)에게 의견을 말할 기회를 주면 됩니다. 그리고 그 의견을 듣고 나서 부정적으로 반응하지 말고 있는 그대로 인정하면 됩니다. 이 질문과 인정은 세트입니다. 이렇게 질문하고 나서 의견을 인정해주면 상대방은 자신이 존중받고 있다고 느끼며 자기 긍정감이 높아집니다.

"○○ 씨는 어떻게 하고 싶어요?"

상사가 부하 직원에게 이렇게 먼저 의견을 물어보면 심리적 거리감을 좁힐 수 있습니다. 부모와 자식 관계에서도 마찬가지입니다. 예전에 한 어머님이 이런 말씀을 하더군요.

"아이한테 어떻게 하고 싶은지 물어봐도 아이가 제대로 말을 할 리가 없지 않나요?"

그런데 그렇지 않습니다.

아이에게도 '이렇게 하고 싶다'는 자기만의 의지가 있습니다. 다만 아이들은 '자신의 생각을 말로 표현하는 능력'이 아직 서툴기 때문에 그 자리에서 바로 대답하기 어려워할 뿐입니다.

그러니 만약 아이가 바로 자기 생각을 말하지 못하더라도 그래도 괜찮다고 생각하고 넘어가세요.

질문하고 나서 바로 대답을 요구하는 건 우리 어른들의 나쁜 버릇입니다. 부모가 한번 질문을 던지면 아이는 몇 시간 또는 며칠 동안 계속해서 자문자답을 합니다. 그러다가 어느 순간 아이의 마음속에서는, 어떻게 하고 싶은지에 대한 분명

한 의지와 말이 싹트는 때가 옵니다. 그 순간이 올 때까지 어른들이 기다려주세요. 그러면 심리적 안정감이 아주 높은 집안 분위기를 만들 수 있습니다. 아이의 자기 긍정감을 높이려면 다음 세 가지 행동을 날마다 실천해보세요.

1. "너는 어떻게 하고 싶어?"라고 물어본다.
2. 아이가 생각을 정리할 때까지 기다린다.
3. 아이가 대답을 하든 못하든 간에 아이를 인정해준다.

이렇게만 해도 아이는 자기 긍정감을 조금씩 조금씩 착실하게 쌓아갑니다.

우리 사회는
왜 의견을 물어봐주지 않을까?

참고로 서양의 많은 나라에서는 부모가 아이에게 일상적으로 "너는 어떻게 하고 싶어?", "네 생각은 어때?"라고 물어봅니다. 늘 서로의 의견을 주고받는 문화이기 때문에 아이도 그런 질문을 받는 데도 익숙하죠.

그런데 우리는 어떤가요? 아이는 물론이고 어른들도 누군가 의견을 물어봐주지 않기 때문에 자기 생각을 표현하는 데 익숙지 않습니다. 왜 그럴까요?

첫 번째 이유는 직장에서도 가정에서도 '눈앞에 있는 과제를 해결'하는 데 급급하기 때문입니다. 그러다 보니 어떻게 하고 싶으냐고 물어볼 여유가 없는 거죠. 두 번째 이유는 많은 사람들이 '이렇게 해야 한다', '이렇게 하지 않으면 안 된다'는 고정관념이나 사회 통념에 얽매여 있기 때문입니다. 우리 사회는 마치 여기서 벗어나면 큰일 날 것 같은 분위기가 강하고 자유롭게 자기 의사를 표현하는 문화는 약합니다.

그 결과 '자신이 정말 뭘 어떻게 하고 싶은지 잘 모르는 어른'이 대거 양산된 거죠. 시간에 쫓기고, 지금 당장 성과를 내야만 하는 업무라면 과제 해결을 우선시하는 것도 어쩔 수 없겠죠.

하지만 최소한 아이에게만큼은 결과 중심이 아니라 가능성을 높여주는 대화를 우선시하세요.

아이에게 "너는 어떻게 하고 싶어?"라고 물어보는 것이 그 시작입니다. 과제를 해결하는 데 급급하다 보면 "어떻게 하고 싶어?"가 아니라 "어떻게 하는 게 옳을까?"라고 물어보게 됩니다. 그 질문이 빠르게 해결책을 찾는 방향으로 대화를 이끌기 때문이죠.

미묘한 차이인데 "어떻게 하는 게 옳을까?"라고 물으면 그 대답이 How to(과제 해결)로 향하기 쉽죠. 그러면 아이의 자유로운 발상을 가로막아버립니다. 직감이 좋은 아이라면 '부모님은 나한테 이런 대답을 기대하는구나'라고 생각하며 최적의 답을 말할 수도 있습니다.

'나는 이렇게 하고 싶다'와 '나는 이렇게 하는 게 옳다고 생각한다'는 비슷하지만 전혀 다릅니다. 아이가 정확한 답을 말하기보다 자기 긍정감을 높이는 자유로운 발상을 할 수 있도록 부모가 도와주세요. 그렇게 하려면 "어떻게 하는 게 옳을까?"가 아니라 "어떻게 하고 싶어?"라고 질문해야 합니다.

부모가 아이의 의견을 진지하게 들어주고, 아이의 말을 존중하면 아이는 '엄마/아빠는 내 말과 생각을 잘 이해하고 받아들인다'고 느낍니다. 이것으로 아이는 부모가 자신을 사랑한다는 걸 확인하고, 자기 긍정감과 자율성을 기를 수 있습니다.

아이의 의견을 먼저 물어본다

"너는 어떻게 하고 싶어?"

아이가 엉뚱한 말을 해도
부정적으로
반응하지 않는다

아이의 말을 잘 받아들이는 방법

그런데 "너는 어떻게 하고 싶어?"라는 질문에 대한 아이의 답이 엉뚱하거나 내가 생각했던 것과 전혀 다를 때는 어떻게 말해야 할까요? 많은 부모들이 이럴 때 무심코 아이의 말을 부정하거나 자신이 원하는 방향으로 대화를 유도하는 실수를 합니다.

그런데 그럴 경우 아이는 속으로 '물어보길래 대답했는데, 차라리 대답하지 말걸 그랬다!'고 생각하고, 그다음부터는 대답하지 않거나 '부모가 기대하는 대답'을 골라서 말합니

다. 이른바 비위를 맞추는 거죠. 그러면 아이의 진심을 알아
차릴 수 없게 됩니다. 그러므로 아이의 답이 내 뜻과 다를 때
도 '인정하기'를 해야 합니다. 다음과 같은 대화의 흐름을 상
상해보세요.

> 나: "너는 어떻게 하고 싶은데?"
> 아이: "○○○○하고 싶어."
> 나: "아~ 그래? ○○○○하고 싶구나! 알려줘서 고마
>   워."

이렇게만 말해도 충분합니다.

"어머? 아이가 어떤 대답을 하든 찬성하라는 건가요?"

이렇게 생각하는 분들도 있을 텐데, 아닙니다. 사실 이 대
화에서 부모는 찬성하지 않았습니다.

'아이가 그렇게 생각하고 있다'는 걸 인정했을 뿐이죠. 그
리고 아이가 대답해준 것에 대해 고맙다고 말했을 뿐입니다.

아이가 '대답하기 싫다'고 느끼며 마음을 닫아버리게끔 만
드는 말과 행동은 절대 하지 마세요. 이 대화의 목표는 아이
가 스스로 '대답하고 싶다'고 느끼게 만드는 것입니다. 따라
서 아이가 아무리 엉뚱한 대답을 하더라도, 실현 가능성을 따

지지 말고 인정해주는 게 먼저입니다.

"너는 어떻게 하고 싶어?"라는 질문 자체가 중요하고, 올바른 대답이 돌아올지 아닐지는 부차적인 문제라고 생각하면 됩니다. 기회가 있을 때마다 "어떻게 하고 싶어?"라고 물어보면 아이는 '질문을 받는다 → 대답한다'는 패턴을 배웁니다. 아이의 머릿속에서 '스스로 생각한다'는 회로가 작동하죠. 이것을 습관으로 만드는 게 중요합니다.

> **"저희 부모님은 저한테 어떻게 하고 싶냐고 꼭 물어봐요."**

우리 아이가 이렇게 말한다면 성공한 겁니다. 이렇게 말하는 아이는 자신의 생각을 이야기하는 게 특별한 게 아니라 당연한 일이라고 받아들입니다. 이렇게 인식하게 되면 자율성은 자연스럽게 길러집니다.

아이가 어떤 대답을 해도 부정적으로 반응하지 않는다

나: "너는 어떻게 하고 싶어?"

아이: "오늘은 놀고 싶어."

나: "아~ 그래? 오늘은 놀고 싶었구나.
알려줘서 고마워."

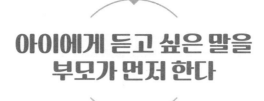

아이에게 듣고 싶은 말을
부모가 먼저 한다

◆ 아이의 자존감을 높여주는 부모의 말

부모가 쓰는 것만으로도 아이의 자존감을 높여주는 말이 있습니다.

예를 들면 다음과 같은 말입니다.

'고마워.'

'기쁘다.'

'즐거워.'

'역시 우리 ○○답네.'

'미안해.'

어쩌면 부모가 '우리 아이가 이렇게 말해주면 좋겠다'라고 생각할 수 있는 말들입니다. 여기서 발상의 전환이 필요합니다. 아이에게 듣고 싶은 말을 내가 먼저 쓰는 거죠. 그러면 아이도 따라 하게 되고, 아이의 자기 긍정감이 높아지는 선순환이 일어납니다. 즉, 상대방에게 바라는 게 있으면 내가 먼저 그 일을 해보자는 거죠.

제대로 사과할 줄 아는 부모가 되자

이 말들 중에서 부모들이 가장 못하는 말을 꼽으라면 '미안해'가 아닐까 합니다. 아이에게는 "잘못했으면 제대로 사과해야지!"라고 말하면서 정작 부모가 잘못했을 때는 사과하지 않는 경우가 흔합니다.

"아까는 말이 너무 심했지? 미안해."

부모에게 이런 말을 들으면서 자란 아이는 스스로 사과할 줄 아는 아이로 성장합니다. 부처님은 대인관계에서 지켜야 할 기본 원칙으로 '상대방이 싫어하는 일은 하지 않는다', '한 가지 은혜를 베풀면 그것은 반드시 덕이 되어 내게로 돌아온다'고 설파했습니다. 앞에서 제가 예로 든 다섯 가지 문장은 부처님 말씀대로 상대방의 존재를 인정하면서 감사를 표현하는 말들입니다.

그런데 의외로 많은 사람들이 사과를 잘 하지 못합니다. 자존심 때문일 수도 있고, 잘못을 인정하는 것에 대한 거부감 때문일 수도 있습니다. 그런데 집에서만큼은 내가 사랑하는 아이한테만큼은 사과의 문턱을 낮춰도 괜찮지 않을까요?

부모가 솔직하게 사과하는 모습을 보여준다면 아이도 학교나 사회에서 솔직하게 사과하는 사람으로 성장합니다. 아이들은 보고 배웁니다. 말로 가르치기보다는 행동을 보여주면서 그대로 따라 할 수 있도록 해보세요.

"잘못했으면 제대로 사과해야지"라고 백 번 이야기하는 것보다 부모가 잘못했을 때 "엄마/아빠가 정말 미안해"라고 한 번 사과하는 것이 훨씬 효과적입니다.

말로 가르치기보다는
행동으로 보여준다

"아까는 말이 너무 심했지?
엄마/아빠가 미안해."

아이를
무조건 칭찬하는 것은
위험하다

아이를 칭찬 중독에 빠지게 하면 안 된다

아이를 키우면서 다양한 일을 겪다 보니 대화 전문 코치로서 신경 쓰이는 점이 한 가지 있습니다. 그것은 바로 아이의 기분을 맞춰주고 자신감을 키워주려고, 아이를 무조건 칭찬하는 부모들입니다.

물론 칭찬하는 행위 자체는 나쁜 게 아니므로 적절히 활용하는 건 좋습니다. 다만 칭찬하는 행위에는 강력한 영향력이 있기 때문에 잘못된 칭찬을 하면, 칭찬받을 일만 하는 아이로 자랄 위험이 있습니다.

예를 들면 '대단하다', '잘했다'는 표현을 너무 쉽게 쓰는 분들이 있습니다.

> "오늘도 일찍 일어났네! 아이고, 내 새끼 너무 잘했어!"
>
> "어머, 접시 치우는 거야? 대단한데~!"
>
> "안 울었어? 우와, 우리 ○○ 대단한데~! 잘했어, 잘했어!"

그런데 냉정히 생각하면 '뭘 잘했다는 거지?', '일찍 일어나지 못하는 사람은 잘못한 건가?', '우는 사람은 대단하지 않은 건가?'라는 의문이 듭니다.

잘한 일에 대해 '대단한데~', '훌륭한데~', '잘했어~', '착하네~' 하고 칭찬만 하면, 아이의 행동이 평가의 대상이 되어 버립니다. 칭찬은 긍정적이고 강한 자극이 되기 때문에 중독성이 있습니다. 그래서 아이의 사고 회로에는 '칭찬받으면 기쁘다' → '더 칭찬받고 싶다' → '솔선수범하여 칭찬받을 일을 한다'라는 패턴이 생기기 쉽습니다.

아이는 마치 마른 스펀지가 물을 흡수하듯 아주 순종적인 상태에서 칭찬받는 기쁨에 지배당합니다. 그렇게 되면 '칭찬받을 수 있는 일은 하고, 칭찬받기 힘든 일은 안 한다'는 마인드가 형성될 가능성도 있습니다.

이 과정은 조금 과장해서 말하면 세뇌에 가까운 것으로, '칭찬 중독'에 빠질 위험이 있습니다.

칭찬 중독에 빠지면 더 격렬한 칭찬이 아니면 반응하지 않게 됩니다.

그렇게 자란 아이가 성인이 되어 사회생활을 시작하면 '상사가 시키는 일만 하는 직원', '칭찬받지 못하면 불안해하는 직원'이 될 수도 있습니다(실제로 직장인 코칭을 하다 보면 "저, 칭찬받고 싶어요"라고 말씀하는 분들이 정말 많습니다).

연령별 기준으로는 영유아기에 칭찬하는 것이 중요하다고 많은 전문가들이 조언하고 있는데 아이가 초등학교에 입학할 무렵부터는 지나치게 칭찬하지 않도록 주의하세요. '하루에 몇 번이나 칭찬하고 있는지?', '의미 없이 칭찬하고 있지는 않은지?'를 염두에 두어야 합니다.

아이가 초등학생이 되면 친척이나 이웃 사람들에게 무조건 칭찬받을 기회가 많아집니다. 함부로 칭찬하는 사람이 주변에 있다면 아이와 자주 만나지 않게 하는 것도 좋은 방법입니다.

◆ 칭찬보다는 인정

아이를 쉽게 칭찬하기보다는 인정하는 말을 해주는 게 중요
합니다.

> "오늘도 일찍 일어났네! 아이고, 내 새끼 잘했어!"
>   → "일찍 일어났네!".
> "어머, 접시 치우는 거야? 대단한데~!"
>   → "접시 치워주는 거야!".
> "안 울었어? 우와, 우리 ○○ 대단한데~! 잘했어, 잘
>   했어!"
>   → "오늘은 안 울었네."

이렇게 말이죠. '대단하다', '잘했다'는 아이의 행동을 옳다
· 그르다, 좋다 · 나쁘다 같은 기준으로 판단하는 표현들입
니다. 이렇게 주관적인 판단이 들어간 표현이 아니라 중립적
인 입장에서 있는 그대로를 인정하는 말을 아이에게 해주세
요. 자신의 생각을 꼭 전하고 싶을 때는 다음과 같이 사실을
먼저 인정하고 나서 플러스알파로 이야기하는 게 좋습니다.

"시험 점수가 저번보다 올랐네. 엄마/아빠는 너무 기쁘다." (사실 인정+자기 감정 표현)

"깔끔하게 치웠네. 고마워." (사실 인정+감사 표현)

"아침에 스스로 일어난 거야. 역시 우리 ○○." (사실 인정+상대방을 인정하는 표현)

상대방을 인정한 다음에 감정을 전달하는 방법은 '예스 이모션(yes, emotion) 화법'입니다. 다만 이 화법은 좋은 결과가 나왔을 때만 쓸 수 있습니다. 좋은 결과가 나오지 않았을 때는 어떻게 해야 하냐고요? 그때는 프로세스를 인정하는 방법을 써보세요.

"우리 ○○가 그런 걸 느꼈어~? 알려줘서 고마워."

"○○가 생각한 걸 말해준 덕분에 엄마/아빠는 잘 이해했어."

"매일 꾸준히 연습하는 거야~?! 정말 기특한데."

이렇게 과정을 인정하는 말이라면 좋은 결과가 나왔을 때뿐만 아니라 일상의 사소한 일에서도 쓸 수 있습니다. 언제 어디서나 쓸 수 있다는 게 프로세스를 인정하는 화법의 장점이죠. 예를 들어 학교에 갔다가 집에 돌아온 아이에게도 "학교 다녀왔어~?!"라고만 말해도 아이 입장에서는 충분히 인정받는 듯한 느낌이 듭니다.

'아, 나를 소중히 여겨주고 있네.'
'나는 여기에 있는 것만으로도 충분하구나.'

이렇게 인정받은 경험이 쌓이면 아이는 집을 편안한 안식처로 느끼게 되고 자기 긍정감도 쑥쑥 자라나게 됩니다.

칭찬보다는
인정의 말이 중요하다

"오늘도 일찍 일어났네!
아이고, 내 새끼 너무 잘했어!"

↓

"일찍 일어났구나!"

부정적인 피드백 대신 인정하는 피드백

'그것도 좋다'고 인정하는 커뮤니케이션

아이와 대화하다 보면 때때로 아이의 말을 부정하고 싶을 때가 있습니다. 그럴 때는 도대체 무슨 말을 해야 할까요? 다음과 같은 말을 쓸 수 있습니다.

> "그런 생각(방식)도 있구나."
> "그것도 괜찮겠다."
> "그거 참신한데."
> "왠지 알 것 같아(반쯤은 이해할 수 있을 것 같다)."

"그건 뭔가 이유가 있겠지."

"그거 좀 재밌는데?"

당신은 이해할 수 없더라도 아이에게 '그렇게 생각하는구나'라고 일단 인정해주는 걸 우선시하세요. 예를 들어 아이가 듣도 보도 못한 나무 열매 같은 걸 주워와서 냉동실에 차갑게 얼려 놓았다면……. 상식적으로는 "도대체 뭐 하는 거야? 찝찝하니까 얼른 버려!"라고 말하는 사람도 있겠죠. 그런데 그때 다음과 같은 반응을 보이면 아이도 신나지 않을까요?

"어른들은 잘 모르겠지만, 이거 뭔가 있어 보이는데?!"

아이를 혼내지 않고 이런 대답을 해준 다음, 시간이 지나 아이가 싫증을 낼 때쯤 "이거, 이제 버릴까?"라고 물어보면 아이도 순순히 따를 겁니다.

있는 그대로 인정해주기

"쓸데없는 생각 하지 마."

↓

"너는 그렇게 생각하는구나~."

아이가 엉뚱한 말이나 행동을 해도
부정적으로 반응하기보다는
있는 그대로를 인정해준다.

아이에게
'믿는다'고 말했다면
진짜로 믿어라

◆ 부모가 아이를 믿지 않으면 누가 믿어줄까?

> "○○라면 할 수 있어!"
> "○○라면 괜찮아!"
> "엄마/아빠는 우리 ○○ 믿어!"

이것은 아이가 행동하게 할 뿐만 아니라 자기 긍정감을 높일 수 있는 말입니다. 부모가 이런 말을 해주고, 아이가 실제로 혼자서 해내면 그것이 자신감으로 이어져서 다음부터는 누가 시키지 않아도 아이 스스로 합니다.

어른들도 마찬가지로 누군가가 나를 '나보다 더' 믿어주면 '왠지 할 수 있을 것 같은' 자신감이 생기지 않나요?

가장 중요한 건 아이에게 믿는다고 말했다면 진짜로 믿어주는 겁니다.

물론 아이가 하는 말을 그대로 믿지 못하겠다는 부모도 있습니다. 하지만 내가 우리 아이를 믿어주지 않으면 누가 믿어줄까요?

"주변 사람들은 모두 부정적으로 말했는데, 우리 부모님만은 저를 끝까지 믿어줬어요."

이렇게 부모에게 지지받은 아이는 근거 없는 자신감을 갖게 되고 도전적인 사람이 됩니다.

제가 존경하는 코칭계의 전설, 아즈미 마사히로(安海 将広) 선생님은 '클라이언트에게 근거 없는 자신감을 갖게 하는 것이 전문 코치의 일'이라고 공언한 바 있습니다. 말로만 믿는다고 하면 아이도 금방 알아차립니다. 아이뿐 아니라 부하 직원도 마찬가지입니다. 믿는다고 말해놓고 그 이후의 언행이 불일치하면 어떻게 될까요?

'저 사람 말을 믿으면 안 된다. 겉으로는 믿는다고 말해놓고 나중에 딴말을 한다.'

이렇게 느끼게 되면 그때부터는 진심을 이야기할 수 없는 사이가 됩니다.

아이를 진짜로 믿는다면 만약 실수를 하더라도 일단 감싸주고 인정해주는 게 중요합니다.

만약 아이가 거짓말을 하거나 속이려고 할 때는 당연히 혼내야겠죠. 다만 노력했는데 결과가 만족스럽지 못한 것에 대해서는 관대하게 받아들여야 합니다.

모든 사람이 자신을 믿을 수 있는 단단한 마음을 가지고 있는 건 아닙니다. 부모가 믿어준다는 안도감이, 아이의 마음을 강하게 키워주는 거죠.

진심으로 아이의 말을 믿어주기

"엄마/아빠는 우리 ○○ 믿어!"

부모에게 지지받은 아이는
도전적인 성향을 갖게 된다.

아이가 먼저
요청하게 만드는 법

아이가 요청하기 전에 내가 먼저 물어보기

아침에 학교 가기 직전에 아이가 갑자기 이런 말을 한다면 어떻게 해야 할까요?

> "오늘 미술 시간 준비물로 야채 가져오라고 했는데, 우리 집에 뭐 없어?"

무심결에 "아침에 갑자기 그런 말을 하면 어떻게 해! 미리미리 얘기를 해야지!"라며 소리 지를 것 같은 순간이죠(저희 집에서는 실제로 있었던 사건입니다(웃음)).

아이는 기본적으로 '지금 이 순간'을 살고 있기 때문에 미래를 내다보고 미리 준비하는 걸 잘 못합니다. 그래서 '오늘 부모님한테 말하지 않으면 내일 야채를 가져갈 수 없을지도 모른다'는 생각을 미처 하지 못합니다. 그저 아이는 '내일 학교에 야채를 가져가면 된다는 걸 내가 알고 있으니까 그걸로 됐다'고 생각할 뿐이죠. 아이의 마음을 이해하지 못하면 부모는 "아니, 왜 미리 말 안 했어!"라고 화를 냅니다.

일단 아이가 알아서 학교 준비물을 챙길 거라는 기대를 버리셔야 합니다. 또 미리 부모에게 준비물에 대해 상담하는 것도 마찬가지입니다. 그렇다면 어떻게 해야 할까요? 부모님이 먼저 이렇게 물어보세요.

> **"내일 학교에 가져갈 준비물 없어? 오늘 선생님이 뭐라고 말씀 안 하셨어? 만약에 준비물이 있으면 오늘 준비해야 하니까 알려줘."**

아이는 그제야 '아, 선생님이 말씀하셨던 거 엄마/아빠한테 알려줘야 하는 거였구나'라고 깨닫습니다. 처음에는 그렇게 물어봐도 특별히 없다고 대답할 수도 있습니다. 하지만 그

게 시작입니다.

"내일 미술 시간이나 사회 시간에 필요한 준비물 없어?"

부모가 이렇게 구체적으로 물어보면 아이는 비로소 '아, 그 거구나!' 하고 떠올리고, "미술 시간에 쓸 야채 가져오라고 했어"라고 대답합니다.

'와, 그런 걸 매일 물어봐야 한다고? 나는 못해.'

이런 생각을 하셨나요?

맞습니다. 앞으로 10년 동안 매일 이런 질문을 해야 한다면 그것은 고행일 수밖에 없죠. 하지만 저는 그런 고행을 권하는 게 아닙니다. 아이가 먼저 말하는 습관을 들일 때까지는 부모가 세심하게 말을 걸어보라고 제안하는 겁니다. 몇 주에서 몇 달 동안만 아이에게 물어보세요.

당신이 아이에게 "내일 학교에 가져갈 준비물 있으면 오늘 준비해야 하니까 알려줘"라고 말하면 아이는 조만간 그 질문에도 익숙해집니다.

2주일에서 한 달 정도 지속하면 굳이 당신이 묻지 않아도 아이가 먼저 "선생님이 내일 미술 시간에 쓴다고 야채 가져오라고 했어"라고 알려줄 겁니다.

아이의 자기 긍정감을 높여주는 대화법 7

먼저 필요한 게 없는지
물어봐주기

"오늘 선생님이 뭐라고 말씀 안 하셨어?"

아이의 말을
그대로 따라 한다

그대로 따라 하기만 해도
아이는 응원받은 느낌이 든다

아이가 무슨 말을 했을 때, 그 말을 부모가 그대로 따라 하면 아이는 인정받았다고 느낍니다. 그뿐 아니라 아이의 자기 긍정감이 높아집니다.

> 아이: "오늘 학교에 전학생이 왔거든. 근데 엄청 멋있더라."
>
> 나: "아아, 전학생이 왔는데 엄청 멋있었구나~."

이것만으로 충분합니다. 처음에는 거의 그대로 따라 하는 식으로 받아주세요. 실제로 해보면 처음에는 어색한 느낌이 들지만 그래도 다른 말을 섞지 않고 아이의 말을 그대로 따라 하는 게 성공의 비결입니다.

아예 따라 하지 않거나, 아이의 말을 부모가 나름대로 해석해서 다른 말로 대답하거나, 부모가 자신의 의견을 말하는 건 좋지 않습니다.

아이: "오늘 학교에 전학생이 왔는데, 엄청 멋있더라."
나: "으음, 그래?" (스마트폰을 보면서 관심 없다는 듯이 말한다)

아이: "오늘 학교에 전학생이 왔는데, 엄청 멋있더라."
나: "어머, 이맘때는 전학 잘 안 오는데. 그 친구 공부 잘하면 너도 더 열심히 해야겠네."

부모가 이렇게 반응하면 아이는 더 이상 이야기하고 싶지 않겠죠?

설령 아이가 무슨 말을 하는지 잘 모르겠더라도 아이의 말을 그대로 따라 해보세요.

아이: "오늘 ○○네 집에서 수박 게임했어."

나: "○○네 집에서 수박 게임했구나("수박 게임이 뭐
 야?"라는 질문은 잠시 넣어둔다)?"

아이: "응, 그래서 다들 수박이 됐어."

나: "그래~, 그래서 다들 수박이 됐구나."

　이렇게 아이의 말을 그대로 따라 하면 아이는 부모한테 인
정받고 있다는 증거로 여깁니다. 그 결과 아이는 인정 욕구를
충족할 수 있고, 안도감을 느끼며, 자기 긍정감을 높일 수도
있습니다. 이것은 심리학적으로도 입증된 것인데 사람은 자
신이 말한 내용을 자신의 귀로 들음으로써 자신의 잠재된 욕
구와 생각을 깨닫고 정리한다고 합니다(코칭 이론에서는 이것
을 오토크라인(autocrine) 효과라고 부릅니다).

　그러므로 아이가 한 말을 부모가 그대로 따라 하면 아이가
자신의 생각을 정리하는 데도 도움이 됩니다. 참고로 아이의
말을 따라 하는 방법에는 네 가지가 있습니다.

　첫 번째, 단어를 앵무새처럼 따라 한다. (**예** "수박 게
 임!")

　두 번째, '~구나'를 붙인다. (**예** "수박 게임했구나.")

세 번째, 요약하며 따라 한다. (📱 "게임하면서 노는 게 재
밌었구나.")

네 번째, 일부러 틀리게 말한다. (📱 "수박을 먹으면서 게
임했구나.")

네 번째는 살짝 변화구를 던지는 방법입니다. 이것은 일부
러 틀리게 말함으로써 아이와 커뮤니케이션하는 횟수를 늘
리는 기술입니다(살짝 고도의 전문적인 기술이라고 생각하고 시도
해보세요).

말을 그대로 따라 할 때, 그 대상이 어른이라면 상대방이
불편해할 수도 있습니다.

하지만 그 대상이 우리 아이라면 단어를 그대로 따라 하는
것만으로도 괜찮습니다. 그러므로 '조금 집요하다' 싶을 만
큼 그대로 따라 하면서 아이가 기분 좋게 이야기할 수 있도록
유도해보세요.

아이의 말을
그대로 따라 하기만 해도
인정해주는 효과가 있다

이를 오토크라인(autocrine)
효과라 한다

아이 : "오늘 학교에 전학생이 왔는데,
엄청 멋있더라."
나 : "아아, 전학생이 왔는데
엄청 멋있었구나~."

리액션 하나
바꿨을 뿐인데

자율성과 자기 긍정감을 키워주는
세 가지 원칙

지금까지 아이의 자기 긍정감을 키워주는 대화법을 말씀드렸습니다. 가장 중요한 세 가지 원칙을 다시 한번 정리해볼게요.

> '아이에게 "어떻게 하고 싶어?"라고 물어본다.'
> '억지로 칭찬하기보다는 있는 그대로 인정한다.'
> '아이가 하는 말을 그대로 따라 한다.'

그럼 이제부터는 '어떤 목적이나 계획이 있는 아이에게 말을 건네는 건' 위험하다는 점을 말씀드릴게요.

부모는 왜 아이를 칭찬하고, 아이에게 말을 걸까요? 사랑하는 내 아이가 몸도 마음도 건강하게 성장하길 바라는 마음 때문이겠죠. 부모는 자신의 바람을 이루고자 의도적으로 아이에게 말을 건넵니다. 요컨대 아이에게 말을 건다는 건 '부모가 의도적으로 말을 건네는 행위'를 뜻합니다. 우리가 아이에게 어떤 말을 건네느냐에 따라 아이의 성장에 긍정적인 영향을 줄 수도 있고, 부정적인 영향을 줄 수도 있습니다. 즉, 부모의 말 한마디가 아이의 성장에 지대한 영향을 미친다는 뜻입니다.

이것은 제가 기업 리더 등을 대상으로 일대일 코칭을 할 때 이야기인데, 제가 더 많이 공감하는 주제가 나오면 '훌륭하네요', '대단하네요', '열심히 했네요' 등 제 주관이 섞인 말을 쓰고 싶어질 때가 있습니다.

제가 그렇게 하면 클라이언트인 리더들도 그 순간에는 '동의해줬다', '칭찬받았다'고 기뻐하겠죠. 하지만 그러지 않으려고 늘 조심하고 또 조심합니다. 왜냐고요? '하야시 선생님이 칭찬해주다니 이건 정말 좋은 일이다', '전문 코치가 괜찮다고 말했으니까 이 의사 결정은 잘못되지 않았다'고 생각할 수 있기 때문입니다. 이런 게 습관이 되면 스스로 판단해서 결정하지 못하고 남에게 의존하게 될 위험이 있습니다. 또 제가 의도치 않게 상대방의 의사 결정에 영향을 미친다는 뜻이기도 합니다.

아이를 키우다 보면 그런 순간이 의외로 많지 않을까요?

앞에서 어떤 목적이나 계획이 있는 아이에게 말을 건네는 건 위험하다고 했던 이유도 바로 이 때문입니다. 아이는 자기 나름대로 계획이 있는데 부모가 옆에서 이래라저래라 말을 걸면 부모의 말에 휘둘리기 쉽습니다. 그러면 아이는 스스로 결정하지 못하고, 부모의 결정에 따르죠. 결과적으로 아이는 자율성과 자기 긍정감을 기르지 못합니다. 따라서 어떤 목적이나 계획이 있는 아이에게 말을 걸 때는 평소보다 더욱 세심하게 주의를 기울여야 합니다. 너무 어렵게 생각하지 마세요. 아이에게 어떻게 하고 싶은지 물어보고, 진지하게 아이의 이야기를 들어주고, 아이의 말을 그대로 따라 하고, 아이를 있는 그대로 인정해주면 됩니다.

무심코 내뱉기 테크닉

가끔은 아이를 칭찬하고 인정해주고 싶을 때도 있죠. 그럴 때는 이 방법을 추천합니다.

바로 어미를 부드럽게 바꿔서 혼잣말하듯이 말하는 겁니다.

예를 들어 아이가 뭔가 감탄할 만한 일을 했을 때 나만 알수 있게끔 어미에 물결표(~)를 하나 넣고 부드럽게 말해보는 거죠. "대단하네~"라고 말이죠. 아이에게 시선을 떼고 중얼거리듯이 "대단하네~"라고 말하면 놀라서 나도 모르게 목소리가 새어 나온 느낌을 줄 수 있습니다. 즉 전달하려는 의도는 없었지만 무심코 말이 새어 나왔다는 느낌을 연출할 수 있는 거죠.

이것은 제가 코칭에서도 자주 쓰는 '무심코 내뱉기'라는 테크닉입니다. 코칭을 하다 보면 제가 하는 말을 클라이언트가 액면 그대로 받아들이게 하고 싶지는 않지만 그의 머릿속에 남기고 싶을 때가 있는데, 그때 주로 씁니다. 이때 단정적인 말투보다는 뒤에 "네~" 부분을 길게 발음하는 게 포인트입니다.

또 한 가지 팁은 리액션을 다양한 문장으로 표현해보라는 겁니다. 아이는 부모의 평가에 민감하고, 부모가 평가한 대로 순순히 받아들입니다. 부모의 리액션 하나하나가, 아이에게는 큰 의미로 작용해 자기 긍정감 향상과 동기 부여, 자신감, 용기 등으로 이어지죠. 그런데 이 리액션도 너무 한 가지 패턴으로만 계속하면 아이에게 익숙해져서 효과가 떨어지기 때문에 때때로 변화를 주는 것이 좋습니다. 여러 가지 시도를 하면서 아이가 좋아하는 리액션을 찾아보는 것도 좋고 요즘에는 AI의 힘을 빌리는 것도 한 가지 방법입니다. 실제로 이 책을 쓰면서 제가 직접 챗GPT에 '대단하네~'라는 말 대신 쓰면 좋은 표현을 물어봤더니 여러 가지 표현들을 가르쳐주더군요.

"굉장하네~!"
"훌륭하네~!"
"어마어마하네~!"
"깜짝 놀랐어~!"
"말도 안 돼~! 진짜야~? 믿을 수가 없어~!"

고작 이런 리액션으로 아이가 달라지겠느냐고 의심하는 분들도 있을 겁니다. 하지만 기껏해야 리액션이라고 우습게 여기지 마세요. 그깟 리액션이 아이의 자율성과 자기 긍정감을 키워주기도 하니까요. 기껏해야 리액션이지만 그래도 리액션은 중요합니다.

무심코 내뱉기 테크닉

아이가 뭔가 감탄할 만한 일을 했을 때,

(무심한 듯 시크하게 혼잣말하듯이)

'이거 대단하네~.'

6장

왜
싫으면서도
닮아가는 걸까?

아이들은 부모의 대화를 보고 배운다

아이의 모습은
부모의 거울이다

아이는 당신의 모습을 지켜보고 있다

아이에게 부정적으로 말하지 않으려면 먼저 부모이자 배우자인 부부가 서로를 부정하지 않는 언어 습관을 익혀야 합니다. 이번 장에서는 이 내용에 대해 이야기해볼게요.

언어 습관이라는 건 말 그대로 습관이기 때문에 부부 사이의 언어 습관이 아이와 나누는 언어 습관에도 그대로 반영되기 마련입니다. 즉 부부 사이가 좋지 않으면 부모와 자식 사이도 좋을 수가 없습니다.

예를 들어 학교에서 선생님이 아이에게 집안일을 한 가지

도와주라고 숙제를 내줬을 때, 부모님 사이가 좋지 않은 집의 아이들은 이런 숙제를 하는 것조차도 쉽지 않습니다(초등학교에서는 부모가 학습에 동참하게끔 유도하기 위해 이런 숙제를 자주 내줍니다).

아이가 건강하게 자라길 바라는 마음은 같지만, 세세한 부분에서 부부의 의견이 엇갈리는 경우는 적지 않습니다. 이렇게 의견이 다를 때 서로 대화로 해결하려고 해도 일 때문에 좀처럼 시간을 내기 어려울 때도 많죠. 또 아이 일이라면 물불을 가리지 않다 보니 어느새 대화가 격렬해지고 말다툼으로 번지는 경우도 많습니다.

그 어떤 경우에도 아이는 부모가 나누는 여러 가지 커뮤니케이션을 똑똑히 지켜보고 있습니다. 보기 싫어서 눈을 돌려도 엄마와 아빠가 서로를 대하는 감정, 언어들을 피부로 생생하게 느끼죠.

그리고 아이는 성장하면서 부모의 모습을 자기도 모르게 그대로 따라 합니다. 만약 아이가 "싫어", "아니야"라는 부정어를 자주 쓴다면 부모인 나의 평소 언어 습관이 어땠는지 되돌아봐야 합니다. 부부 사이에 서로를 부정적으로 말하는 게 생활화돼 있다면 아이에게도 똑같이 부정어를 사용하는 경향이 강합니다.

그러므로 내 아이가 상처받지 않는 대화를 하기 위해서는 먼저 부부끼리 서로 상처 주지 않는 대화를 나누는 게 중요합니다.

이번 장에서는 아빠, 엄마, 부부 사이라는 단어가 나오는데, 요즘은 아이를 양육하는 사람이 아빠, 엄마가 아닌 가정도 늘고 있습니다. 만약 독자 여러분이 그런 환경에서 아이를 키우고 있다면 자신의 상황에 맞춰서 읽어주시길 바랍니다.

이것만 기억하자!

부모의 말과 행동이 좋든 싫든 아이는
그것을 그대로 따라 한다.

부부 갈등의 69퍼센트는
해결할 수 없는 문제다

◆ 의견이 다른 건 당연한 일

결혼하고 나서도 쭉 사이좋게 지내던 부부가, 아이가 생기면
육아에 대한 의견이 달라서 싸우는 경우가 많죠. 우리 주변에
서 흔히 볼 수 있는 패턴입니다. 부부관계 치료의 세계적인
권위자인 워싱턴 대학의 명예 교수이자 심리학자 존 가트맨
(John M. Gottman) 박사의 연구 결과를 소개할게요.

> '부부 사이에서 겪는 갈등 가운데 69퍼센트에는 정답
> 이 없다.'

그 이유는 갈등의 원인이 항구적인 문제인 경우가 많기 때문입니다. 항구적인 문제란 두 사람의 성격이나 라이프스타일에서 근본적으로 차이가 나기 때문에 생기는 문제를 말합니다. 이것은 개인의 성향 차이에서 나오는 문제이기 때문에 옳고 그름을 따질 수가 없죠. 또 사람의 성향은 쉽게 바뀌는 것이 아니기 때문에 비슷한 갈등은 반복되기 마련입니다. 즉, 부부 사이에 의견이 엇갈리더라도 그중 약 70퍼센트는 '어느 쪽이 옳다고 말할 수 없다'는 뜻입니다. 저는 아이를 키우는 일에서는 이보다 더 높은 확률로 정답이 없다고 생각합니다.

아이에게 TV를 보여줄지, 말지?
아이가 먹을 도시락을 손수 만들지, 말지?
아이를 유학 보낼지, 말지?

일상 속에서 일어나는 모든 일에 부부의 의견이 다를 수 있습니다. 누가 어떤 주장을 하든 다 일리가 있고, 어느 한쪽이 100퍼센트 옳다고 말할 수는 없습니다. 그런데 이에 대해 마치 자신의 말만 정답이라는 듯이 대화하면 문제는 더더욱 해결될 수 없습니다. 특히 서로 양보하지 않고 싸우면 부부 사이에 낀 아이는 자신의 생각을 말하지 못하고 쩔쩔맬 뿐입니다.

그러므로 부부가 서로 의견이 다르더라도 그것이 당연한 거라고 받아들이는 자세가 우선 필요합니다. '내 말이 정답'이라는 듯한 태도를 버리는 게 첫 번째 할 일입니다.

정답을 찾지 말고 존중하는 분위기부터 만들어라

'내 말이 정답'이라는 태도를 버렸다면 실전에서 의견이 충돌하더라도 '맞다, 맞지 않다'는 식의 대화를 피하는 게 두 번째 할 일입니다. 이때 가져야 할 사고방식은 '나는 이렇게 생각하는데, 당신은 그렇게 생각하는구나' 하고 서로의 다름을 인정하는 겁니다.

자신이 어떤 환경에서 자랐는지는 덮어두세요. '나는 어떻게 하고 싶은지?'가 아니라 '우리는 어떻게 해야 할까?'를 부부가 함께 차분하게 이야기해보세요.

"알았어, 우리 서로 의견이 다르네. 그럼 어떻게 할까?"

이렇게 서로의 다름을 인정하면서 새로운 방법을 찾아보세요. 그러다 보면 새로운 문화를 만들 수 있습니다. 대화의 접점을 찾기 위해서는 부부가 '공통적으로 바라는 것'이 뭔지부터 생각해보면 됩니다. 사소한 의견 차이는 있더라도 아마 '아이가 건강하고 안전하게 자라길 바라는 마음'은 같을 겁니다. 이 공통점에 주목한 다음 공동의 목표를 재설정하고, 어떤 방법이 있는지 이야기를 시작하세요.

여기서 또 한 가지 중요한 마음가짐이 있습니다. 육아에는 예상치 못한 변수가 많고, 실제로 무엇이 정답인지 아무도 모른다는 거죠. 사회 환경이나 경제 상황도 시시각각으로 변합니다. 또한 인터넷이나 책에서 본 내용과 친구들에게 들은 이야기를 내 아이에게 적용해보려고 해도 내 아이만의 기질이나 특기, 관심 분야가 그들과 다를 수 있습니다. 정답은 없다는 거죠.

정답을 찾기보다는 서로의 의견을 존중하는 집안 분위기를 만드는 게 훨씬 더 중요합니다. 이렇게 마음먹고 매사 가족 구성원의 의견을 존중하는 분위기를 조성하세요. 그렇게만 해도 아이는 알아서 잘 자랍니다.

부부가 의견이 다를 때 대처법

1단계: 내 말이 정답이라는 생각을 버린다.

2단계: 서로의 다름을 인정해준다.

3단계: 의견은 다르지만 공동의 목표가 뭔지를 찾는다.

4단계: 공동의 목표를 이루기 위해 어떤 방법이 있는지 이야기를 시작한다.

사람마다
'사랑의 언어'가 다르다

게리 채프먼의 다섯 가지 사랑의 언어

어느 부부의 집을 방문했을 때의 이야기입니다. 아내가 남편에 대해 이런 말을 하더군요.

"우리 남편은 쉬는 날에도 저랑 말 한마디 안 하고, 하루 종일 정원만 가꿔요. 진짜 맘에 안 든다니까."

그런데 남편은 이에 대해 또 이렇게 말했습니다.

"힘쓰는 일은 아내가 하기 힘드니까 쉬는 날에는 되도록 제가 하려고 해요."

두 사람의 말은 무엇을 뜻할까요? 바로 사랑과 관심을 표현하고 받아들이는 방식은 사람마다 다 다르다는 겁니다.

인간관계 전문 상담가인 게리 채프먼(Gary Chapman)은 '사람마다 각자 애정을 느끼는 언어가 다르다'고 주장하면서 사랑의 언어를 다섯 가지로 분류했습니다.

사랑의 언어1   인정하는 말(Words of Affirmation, 예 상대방에 대한 칭찬, 격려, 감사 표현 등)

사랑의 언어2   봉사(Acts of Service, 예 상대방이 원하는 바를 해주는 행동)

사랑의 언어3   선물(Receiving Gifts, 예 상대방을 생각하고 그 마음을 표현하기 위해 전달하는 선물 등)

사랑의 언어4   함께하는 시간(Quality Time, 예 함께 시간을 보낼 때는 상대방에게 온전히 관심을 집중하는 것 등)

사랑의 언어5   스킨십(Physical Touch, 예 부부의 사랑을 전달하는 강력한 도구로 손잡기, 키스, 포옹 등)

이 부부의 경우, 아내는 '함께하는 시간'에 사랑을 느끼는 반면에 남편은 '봉사'하면서 애정을 표현하려고 합니다. 그러다 보니 둘의 관계가 어긋난 게 아닐까요?

마찬가지로 남편이 '선물'로 사랑을 표현하려고 해도, 아내가 '봉사'하는 행동에 사랑을 느낀다면 "왜 항상 쓸데없는 것만 사오는 거야?! 이런 거 필요 없으니까 집안일이나 좀 도와줘!"라는 말을 들을 겁니다. 이런 비극이 일어나지 않으려면 어떻게 해야 할까요?

혹시 파트너와 내가 사랑을 표현하는 방식이 다른 건 아닌지 생각해보는 게 좋습니다. 요즘 유행하는 말로 표현하자면 다이버시티(diversity), 즉 다양성을 포용하는 거죠. 서로 다름을 이해하고 공존하기 위한 중요한 개념입니다.

다섯 가지 사랑의 언어를 이해하면 파트너가 쉬는 날에 정원만 가꾸는 일도, 필요 없는 물건만 사오는 것도 모두 나에 대한 애정 표현이었다는 걸 알게 됩니다. 이걸 깨달으면 굳이 서로에게 부정적인 말을 하지 않아도 될 것 같은데, 여러분의 생각은 어떠신가요?

상대방의 행동에 짜증이 난다면 바로 그때가 사랑의 언어가 다르다는 걸 알아차릴 수 있는 기회입니다.

"왜 그렇게 내 맘을 몰라주는 거야?", "분위기 파악 좀 해!", "쓸데없는 짓, 하지 마" 같은 공격적인 말을 하기 전에 "혹시

그게 나에 대한 애정 표현인 거야?"라고 물어보세요. 그러면
부부관계에 새로운 문화를 만드는 계기가 될 겁니다.

나를 위한다고 한 파트너의 행동이
마음에 안 들더라도 "분위기 파악 좀 해!"라는
말 대신 "혹시 나에 대한 애정 표현인 거야?"라고
물어보자.

파트너에게
너무 화가 날 때 대응법

관계에 독이 되는 네 가지 행동

앞에서 언급한 존 가트맨 박사는, 인간관계에 독이 되는 네 가지 행동에 대해 이야기했습니다.

독소1 비난

독소2 경멸

독소3 방어

독소4 회피

그는 아무리 좋은 관계라도 이 네 가지 독이 되는 행동을 전혀 하지 않는 경우는 별로 없다고 지적했습니다. 중요한 건 이 네 가지 행동 그 자체가 아니라 이것들을 '대화에서 어떻게 처리하는가'라는 거죠.

오늘 당신은 파트너와 어떤 대화를 주고받았나요? 독이 담긴 말을 내뱉으면 대화는 점점 격렬해지기 마련입니다. 예를 들어 한쪽이 비난하면 나머지 한쪽은 자기방어를 하는 등 서로 독기를 내뿜으면서 반응하죠. 이른바 진흙탕 싸움으로 번지기 쉽습니다. 이때 진흙탕 싸움을 벌인다는 걸 알아차렸다면 당신이 먼저 리커버리하려고 시도해보세요.

예를 들어 파트너와 대화를 나누다 보면 어느새 감정이 격해져서 서로 언성이 높아지려고 할 때가 있죠. 그때 독기를 내뿜는 말을 하기 전에 숨을 고르세요. 그다음 "이 문제는 나중에 (아이가 잠든 후에) 다시 얘기하자", "오늘은 일단 여기까지만 하고, 다음에 차근차근 얘기해도 될까?" 등 시간을 벌 수 있게끔 제안해보세요.

존 가트맨 박사는 이것을 '회복 시도(repair attempt)'라고 표현했습니다. 관계 회복을 위해 노력한다는 뜻이죠. 그는 회복 시도를 받아들이지 않는 부부관계는 파탄 날 가능성이 아주 높다고 말했습니다. 만약 부부 싸움이 격렬해졌을 때, 한쪽이 "이 문제는 나중에 다시 얘기하자"고 제안했는데 다른 한쪽이 이렇게 말했다고 생각해보세요.

"또 그런다 또, 제발 말 좀 돌리지 마!"

"오늘은 도망칠 생각, 하지도 마!"

이런 경우라면 이 부부관계는 매우 위태롭다고 할 수 있습니다.

말이 너무 격해진다면 일단 대화를 중단하세요. 그럴 수 없는 경우라면 애써 평정심을 유지하고 차분하게 대화를 이어가려고 노력하세요. 이렇게 대응하는 것이 중요합니다.

너무 화가 난다면 일단 머리부터 식혀라

'너무나 화가 나서 참을 수가 없네. 이러다가는 독이 되는 말이 나올 것 같은데.'

이런 예감이 든다면 회복 시도를 하세요. 그때 파트너가 회복 시도를 받아들인다면 그다음에는 어떻게 해야 할까요?

적어도 하룻밤은 그 화제를 꺼내지 말고, 잠시 머리를 식히는 겁니다.

이것이 제가 추천하는 대응법입니다. 의견이 다를 때 서로 공동의 목표를 찾아나가려면 두 사람 다 침착한 상태에서 해야 합니다. 한쪽이라도 흥분해서 이성을 잃으면 대화가 될 리 없으니까요.

만약 '지금 침착하게 대화할 수 있는 상태인가?'를 판단했을 때, 아니라는 생각이 든다면 중요한 의사 결정은 미루는 게 좋습니다.

'오늘은 결정하지 말자'고 마음먹고, 더 이상 그 이야기를 꺼내지 마세요. 시간을 두고 마음을 가라앉히는 게 우선입니다.

이것만 기억하자!

의견이 다를 때
서로 공동의 목표를 찾아나가려면
양쪽 모두 침착한 상태여야 가능하다.

부부 사이에서
하지 말아야 할 행동

저는 그동안 결혼 생활을 하면서 '부부 사이에서 하지 말아야 할 행동'이 있다는 걸 깨달았습니다. 그 대표적인 것으로 세 가지를 꼽을 수 있습니다.

'한쪽만 전담하는 일을 만들지 않는다.'
'추측해서 결정하지 않는다.'
'대화를 포기한다.'

지금부터 하나씩 말씀드릴게요.

부부 사이 금기 행동 ①
한쪽만 전담하는 일을 만들지 않는다

첫 번째는 한쪽만 할 수 있는 일을 만들지 않기입니다. 예를 들면 아이 등하원시키기, 아이한테 저녁밥 먹이기, 또는 쓰레기 버리기, 반상회 참석하기 등 이른바 집안일을 할 때 부부 중 어느 한쪽만 일을 전담하지 않도록 주의하세요.

평소에 아내가 쓰레기 버리는 일을 도맡았다고 칩시다. 아내는 회사 일 때문에 출장을 가야 하는데, 마침 그날 아침이 쓰레기 분리수거일이라면 부부 사이에서는 어떤 대화가 오갈까요?

"여보, 내일 쓰레기 좀 버릴 수 있어?"

"어, 내일? 내일이 무슨 쓰레기 버리는 날이지? 근데 쓰레기 어디다 버리면 돼?"

이런 대화가 오가지 않을까요? 혹은 아내가 야근 때문에 아이를 하원시키지 못한다면 어떨까요?

"미안한데 오늘 야근해야 할 것 같거든. 그래서 좀 늦게 퇴근할 것 같으니까 어린이집 하원 좀 시켜줘."

"아, 그래? 근데 어떻게 하면 돼? 그냥 데리러 가면 되는 거야?"

이런 대화가 반복되면 '집안일은 늘 내 몫이지', '어차피 저 사람은 말해도 소용없어'라는 생각이 들기 마련입니다.

만약 이런 대화가 오간다면 부부가 함께 쓰레기 버리는 방법을 확인하거나, 어린이집에 가면서 등하원시키는 방법을 가르쳐주고 배우세요. 집안일은 부부가 함께 해야 합니다. 남편은 아내가, 아내는 남편이 하는 일을 배우고, 필요한 경우에는 서로가 그 역할을 교대할 수 있어야 합니다. 이것을 '상호 보완성'이라고 부릅니다. 제가 지금까지 조사한 바에 따르면 상호 보완성이 높은 부부는 오랫동안 좋은 관계를 유지하는 경향이 강합니다. 당연히 그 반대의 경우에는 관계가 좋지 않을 확률이 높을 수밖에 없겠죠.

부부 사이 금기 행동②
추측해서 결정하지 않는다

두 번째는 추측해서 결정하지 않기입니다. 이것은 상대방의 상황과 감정을 짐작하여 내 마음대로 결정하지 말라는 뜻입니다.

예를 들면 아침에 아이를 어린이집에 등원시킬 때 자동차

로 데려다주는 가정에서 부부가 나눌 법한 대화를 재연해볼
게요.

> 남편: "오늘은 누가 데려다주지?"
> 아내: "오늘은 내가 갈 테니까 당신은 쉬어."
> 남편: "그럴래?"

어떤가요? 흔히 있을 법한 대화죠? 이 대화를 마음의 소리
와 함께 재연해보면 다음과 같습니다.

> 남편: "오늘은 누가 데려다주지?"
> 아내: "오늘은 내가 갈 테니까 당신은 쉬어(나도 가고 싶
>　　　 지 않지만, 당신도 피곤해서 가기 싫겠지? 게다가 9시부터
>　　　 온라인 회의가 있다고 했잖아)."
> 남편: "그럴래?(근데 정말 괜찮은 건가?)"

마음의 소리도 포함해서 대화를 살펴보니 어떤가요? 서로
가 상대방의 상황과 감정을 추측하고 있다는 걸 알 수 있습
니다.

그런데 이렇게 추측해서 대화하기 시작하면 부부 중 한쪽

이 지나치게 양보하거나 참는 상황이 생기기 쉽습니다. 상대방을 위해서든 나를 위해서든 참고 양보하다 보면 어느새 거리를 두게 되죠. 저는 이것을 '부부 사이의 거리감'이라고 부릅니다. 처음에는 양보하기 위해서 한 일이지만 이런 일이 반복되다 보면 부부 사이에는 거리감이 생기고, 남편과 아내는 점점 사이가 멀어집니다.

부부 사이 금기 행동③
대화를 포기한다

세 번째는 대화를 포기하는 것입니다.

부부가 대화를 하다 보면 잘 안 되는 경우가 태반이죠. 일상생활에서 자주 일어나는 일인데, 그럴 때 여러분은 어떻게 하나요? 혹시 다음과 같은 말로 대화를 포기하지는 않나요?

"이제 그만해."
"맘대로 해!"
"그래그래, 당신 말이 다 맞아. 이제 됐지?"
"맨날 그렇게 불평불만만 하잖아. 이젠 정말 듣기도 싫고 지긋지긋하다."

"더 이상 얘기하고 싶지 않다니까."

"내가 앞으로 당신이랑 말을 섞나 봐라!"

이런 말을 하게 되면 하는 사람도 듣는 사람도 모두 마음에 생채기가 남습니다. 이런 말들로 대화를 끝내는 경우가 있는데, 저는 그것을 '대화의 막다른 골목'이라고 부릅니다.

대화의 막다른 골목을 자주 만드는 부부는, 부정적인 감정만 남긴 채 대화를 끝내는 경험이 반복되기 때문에 부부관계도 파탄 날 확률이 높습니다.

흔히 오랜 세월을 함께한 부부라면 말하지 않아도 안다, 호흡이 척척 맞는다는 말을 하곤 하죠. 하지만 그것은 부부가 오랫동안 함께 의논하고 결정하는 경험을 쌓았기 때문에 서로의 생각을 알 수 있게 된 거라고 봐야 합니다. 즉 대화의 막다른 골목에 들어섰을 때, 포기하지 않고 상대방의 속마음에 관심을 가지고 대화를 이어가려고 노력했다는 거죠. 때로는 "이제 그만해"라는 말을 들었을 때 "이번 기회에 제대로 얘기를 해보자!"라고 맞받아쳐야 할 때도 있습니다.

서로가 대화하는 방법을 거듭 시도하면서 이야기를 나누다 보면 '파트너랑 나는 이런 부분에서 생각이 다르구나', '우리 부부는 이런 화제를 꺼내면 쉽게 흥분하는구나' 등을 깨닫고 점점 조심해야 할 부분을 알아나가면서 호흡을 맞춰가는 거죠. 이런 노력을 기울이지 않으면 아무리 오랜 세월을 함께한 부부라도 서로 맞지 않습니다.

기왕 이런 책을 읽게 되었으니 오늘은 부부가 오붓하게 차 한잔 마시면서 "나는 이럴 때 쉽게 부정적인 말을 하는 것 같아"라는 식으로 솔직한 마음을 털어놓는 것도 좋습니다.

단 5분만이라도 그런 시간을 가지면 부부뿐 아니라 아이들과도 서로 상처받지 않는 대화를 나눌 수 있습니다.

이것만 기억하자!

상호 보안성이 높은 부부일수록 오랫동안
좋은 관계를 유지한다.

| 7장 |

내가 행복해야
부정적인 언어도
줄어든다

부모의 감정은 아이에게 그대로 전염된다

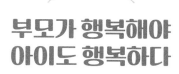

부모가 행복해야
아이도 행복하다

내 인생의 중심은 나

지금까지 아이를 부정하지 않는 대화법, 가족이 서로 부정하지 않고 상처 주지 않는 대화법에 대해 이야기해봤습니다.

이 책의 마지막 장에서는 이 모든 문제의 근본적인 원인인 '나 자신'에 대해 생각해보려고 합니다. 왜 나에 대한 이야기로 마무리하냐고요? 아무리 아이를 부정하지 않는 대화법을 배워도 근본적인 나의 마음이 정돈되지 않으면 모든 것이 무너지기 때문입니다.

아시다시피 아이를 키우다 보면 아이가 삶의 중심이 되어

버리는 경우가 많습니다.

부모가 되자마자 '좋은 부모', '바람직한 부모'로 살기 위해 모든 에너지를 집중하게 됩니다. 그렇게 긴 육아의 과정에서 책임감과 부담감, 압박감을 느끼면서, 몸도 마음도 지칩니다. 그리고 시간이 흐르면서 어느새 자기 자신의 삶은 잃어버리는 분들이 많습니다.

대화 전문 코치인 저는 평소 클라이언트들에게 강조하는 말이 하나 있는데 그것은 '내 인생의 센터라인을 당당하게 걸어가라'입니다. 내 인생의 중심에는 항상 내가 있어야 한다는 말이죠.

그것은 아이를 키우는 분들에게도 마찬가지입니다. 지금 육아의 과정을 내 인생의 한 페이지로 여기고 마음껏 즐기고 있다면 괜찮습니다. 하지만 그렇지 않고, 나를 잃어버린 느낌이 든다면 이번 기회에 나의 내면을 확인하는 시간을 가져보세요.

간단히 말하자면 부모가 행복해야 아이도 행복합니다. 그와 반대로 부모가 불행하면 아이도 불행합니다. 아이들을 앞에 앉혀놓고 행복에 대해 강의하는 것보다 부모 스스로가 행복하게 사는 모습을 보여주는 것이 산 교육입니다. 어차피 부모도 한 명의 인간일 뿐입니다. 이것을 잊고 부모 노릇 하느라 지쳐 있는 분들이 있다면 이번 장에서 상기해보시길 바랍니다.

이번 장은 나라는 사람을 되찾는다는 마음으로 읽어주시면 좋겠습니다.

아이들을 앞에 앉혀놓고 행복에 대해 강의하는 것보다 부모 스스로가 행복하게 사는 모습을 보여주는 것이 산 교육이다.

내 부모에게 배운 대로 하면
안 되는 이유

◆ '절대 안 돼'라는 기준에서 벗어나기

"육아에서 당신이 제일 중요하다고 생각하는 게 뭐야?"

어느 날 아내에게 이런 질문을 했더니 이렇게 답하더군요.

"음, 조금이라도 즐거운 마음으로 하는 거. 사실 애들 키우다 보면 힘들고 버거울 때가 많잖아. 그러다 보니까 나도 모르게 부정적으로 말하거나 너무 빡빡하게 대하게 되는 것 같아. 뭐가 됐든 '이렇게 안 하면 절대 안 돼'라는 생각에서 벗어나는 게 중요한 것 같아."

저는 이 말을 듣고 내심 놀랐습니다. 사실 제 아내는 불과

몇 년 전까지만 해도 자신을 키워준 어머니의 양육 방식 그대로 아이들을 대하는 사람이었습니다.

자신의 어머니가 그랬듯이 아이들이 먹는 음식은 꼭 직접 만들어야 했고, 하루에 한 번 공원에 데리고 나가지 않으면 절대 안 된다고 고집했습니다. 본인이 아무리 힘들어도 원칙을 지키려고 하다 보니 만약 그렇게 못한 날에는 "엄마가 돼서 이런 것도 제대로 못 하다니 나는 정말 나쁜 엄마야"라고 자학하기까지 했습니다. 그러던 어느 날 아내는 한 심리 상담사의 SNS에서 이 문장을 보고 큰 울림을 받았다고 합니다.

"엄마가 행복해야 아이에게 엄마의 행복이 전달된다."

그냥 스쳐 지나칠 수도 있는 이 문장에 아내는 매료되었다고 합니다. 내 아이가 엄마를 생각할 때 첫 번째 이미지는 '전전긍긍하는 모습'이 아닐까 하는 생각이 들자 퍼뜩 정신이 들었다는 거죠. 그리고 그렇게 생각하자 마음이 훨씬 가벼워지더랍니다.

이제 아내는 '아이가 먼저다'라는 속박에서 벗어나 '때로는 내가 먼저여도 괜찮다'고 생각할 줄 아는 사람으로 바뀌었습니다. 자기 부모의 양육 방식에서 벗어나자 훨씬 더 균형

잡힌 사고를 할 수 있게 된 거죠.

내 부모와 같은 실수를 반복하는 이유

최근 10년 동안 상사와 부하 직원의 관계는 급격히 변화하고 있습니다. 현장에서 리더들과 직장인들을 코칭하다 보면 그 변화의 분위기가 그대로 느껴집니다. 과거에는 상사가 지시를 내리면 부하 직원들은 그대로 따르는 게 일반적이었습니다.

그런데 요즘은 사람을 자본으로 생각합니다. 인재를 구하는 것도 과거와 달리 더 어려워졌기 때문에 직원들 교육을 중요시 여깁니다. 무엇보다 직원들이 스스로 생각해서 능동적으로 일할 수 있게끔 가르칩니다.

또한 '상대를 부정하지 않는 대화법'을 쓰는 것도 '심리적 안정감이 높은 회사 분위기'를 만드는 것도 당연하게 생각합니다.

이렇게 직장 문화는 혁신적으로 바뀌고 있는데 아이의 양육 방식은 여전히 제자리걸음 수준입니다. 많은 부모들이 자신이 보고 배운 그대로 아이를 키우는 경우가 많기 때문이죠.

육아와 관련한 좋은 프로그램도 많고 시중에 좋은 책도 많이 나와 있는데 왜 아직도 이런 분들이 많을까요?

첫 번째는 부모가 새로운 지식이나 방식을 잘 받아들이지 않기 때문입니다. 자신의 경험에만 의존하니 과거의 방식만 재연하는 거죠. 특히나 우리 부모 세대는 자신의 부모로부터 부정당하고 억압당하며 자란 사람들이 태반입니다. 그러므로 배운 대로 하지 말고 새로운 지식과 전문가의 의견을 공부하고 받아들여야 합니다.

두 번째는 부모의 방식이 좋지 않다는 걸 인식했음에도 이미 과거의 방식이 몸에 배어 있기 때문입니다. 앞에서도 말씀드렸지만 아이들은 부모의 말과 행동을 보고 자랍니다. 자기도 모르게 따라 하는 거죠. 내 몸에 배어 있는 부모의 나쁜 습관이 뭔지 스스로 점검하는 시간을 가져보세요. 이렇게 의식적으로 되돌아보지 않으면 나도 모르는 사이에 똑같은 패턴을 반복하게 됩니다.

내가 싫어하는 부모의 모습을 나도 모르게 똑같이 따라 하고 있다는 걸 생각해보세요. 너무 끔찍하지 않나요?

내 몸에 배어 있는 부모의 나쁜 습관이 뭔지
스스로 점검해보자.
이것만 자주 해도 실수를 반복하지 않게 된다.

좋은 일에 집중하는
습관을 기른다

하루에 한 번 '컬러 배스 효과'를 노려라

좋은 기분과 행복한 상태를 유지하려면 어떻게 해야 할까요?
먼저 코칭 기법 중 하나를 소개해드릴게요.

하루를 끝낸 저녁 시간, 오늘 잘된 일이나 기분 좋았던 기
억, 사람들과 함께 웃었던 순간을 떠올리며 그것에 집중하
는 시간을 갖는 겁니다. 심리학 용어로 컬러 배스 효과(color
bath effect)라고 부르는데, 이미 유명해서 아는 분들도 많을
것 같네요.

기업 코칭이나 대화 코칭을 진행할 때도 "이 방에 있는 빨

간색 물건을 다섯 가지 찾아보세요"라고 자주 물어봅니다. 이 질문을 받으면 그동안 보이지 않았던 빨간색 물건이 금방 눈에 들어옵니다. 이와 마찬가지로 오늘 하루를 잘 보내고 나서 행복했던 일, 기뻤던 순간 세 가지 혹은 다섯 가지를 떠올려보고 그것에 집중하는 거죠.

숫자를 정해서 떠올려보는 것은 효과가 있습니다. 막연하게 오늘 좋았던 일을 말해보라고 하면 생각이 잘 나지 않는데, 세 가지, 다섯 가지라는 식으로 숫자를 대고 말해보라고 하면 희한하게도 몇 가지가 머릿속에 떠오르거든요.

이 컬러 배스 효과는 일상 속에서 응용할 수도 있습니다. 만약 아이에게 화가 치밀어 오를 때 '우리 아이의 장점 다섯 가지'를 생각해보는 거죠.

보고 있으면 힐링된다.

아직 말이 서툴러서 옹알거리는 모습이 귀엽다.

배려심이 있다.

엄마를 위한다. 과자가 있으면 '엄마도 먹을래?'라고 권한다.

천진난만하다.

이렇게 아이의 장점을 찬찬히 짚어보는 사이에 어느새 긍정적인 감정이 솟아납니다. 이것이 습관이 되면 어느새 내 안에 부정하지 않는 마인드가 자리 잡습니다.

어떠한 상황에서도 좋은 점을 찾아내는 습관을 들이면 어느새 부정하지 않는 마인드가 체질이 된다.

인간은 혼자 있는 시간에
성장한다

인간은 죽을 때까지
변하지 않으면 안 된다

육아 관련 책을 읽다 보면 종종 이런 말이 나옵니다.

> "아무리 아이를 키우느라 정신이 없더라도, 나만의 시
> 간을 가지세요."

저도 아이를 키우기 전에는 '맞아, 맞아'라고 동의했습니다.
그런데 막상 아이를 키워보니 현실은 너무나 치열했습니다.

저 말은 그냥 뜬구름 잡는 이야기처럼 느껴졌습니다. 매일 아이 밥 먹이고 씻기고, 등하원시키고, 청소하고, 세탁기 돌리는 등 육아와 집안일이 끊임없이 이어졌고, 아이가 집에 있을 때는 위험한 행동을 하지 않는지 살피느라 잠시도 눈을 뗄 수 없었습니다. 이런 생활 속에서 나만의 시간을 확보하는 건 너무나 어려운 일이죠.

하지만 그럼에도 불구하고 저는 나만의 시간을 만들려고 노력합니다. 왜냐고요? 나만의 시간을 가지는 것이 내 마음을 평온하게 할 뿐만 아니라 아이들을 위한 일이라는 걸 깨달았기 때문이에요.

양육은 아이가 태어나면서부터 성인이 되기까지 약 20년 동안이나 계속해야 하는 장기전입니다. 이 긴 세월 동안 나만의 시간을 포기한다는 건 있을 수 없는 일이죠. 어렵다고 포기하지 말고, 짧게라도 나만의 시간을 확보해서 내가 정말 하고 싶었던 일을 해보세요.

저는 기업의 리더들이나 직장인들에게도 늘 자기만의 시간을 가지라고 조언합니다. 그날그날 닥친 회사 일을 처리해내는 데에만 급급하면 어느새 내 삶에서 내가 사라집니다. 눈코 뜰 새 없이 바쁜 일상 속에서도 잠시 시간을 내어 나의 삶을 되돌아보고 그때그때 목표를 재설정해야 합니다. 인간은 죽을 때까지 변하고 성장하는 생물이니까요. 자기만의 시간을 갖지 못하면 성장도 불가능합니다.

제가 부모들에게 자기만의 시간을 가지라고 말하는 건 앞에서도 여러 번 강조했지만 아이들은 부모를 모방하며 자라기 때문입니다. 평소에 책을 많이 읽는 부모 밑에서 자란 아이는 자연스럽게 책을 좋아하는 사람으로 자랍니다. 축구를 좋아하는 부모 밑에서 자란 아이는 역시 축구를 사랑하는 아이가 됩니다.

만약 내 아이가 평소에 부정적인 말을 자주 쓴다면 그건 그 누구의 탓도 아닌 부모인 내 탓입니다. 내가 부정적인 사람인 거죠. 부모의 감정, 언어, 취미, 습관, 사고관 등등은 세월이 흐르는 사이 아이에게 그대로 흡수됩니다.

그러므로 아이들에게 뭔가 교훈적인 말을 하기 이전에 나부터가 모범을 보이려고 해보세요. 부모가 자기만의 시간을 가지면서 자기계발에 힘쓰면 그 모습을 보고 자란 아이들도 자연스럽게 따라 하게 됩니다. 부모가 행복해하면 아이들도 그 모습을 보며 행복을 느끼고 부모가 자식을 위해서 아무리 희생을 해도 불행해하고 우울해하면 아이들에게도 그 불행과 우울이 전염됩니다.

그러므로 당신이 혼자만의 시간을 가지며 자기 자신을 사랑해야 아이에게도 좋은 기운이 흘러간다는 사실을 잊지 말았으면 좋겠습니다.

이것만 기억하자!
자기만의 시간을 갖지 못한 인간은 성장도 불가능하다.

내가 바꿀 수 없는 것은
입에 담지 않는다

말해봤자 바꿀 수 없는 것에
집중하지 않는다

스포츠계에는 이런 표어가 있다고 합니다.

"똥, 똥은 말하지 않는다."

똥은 'Unchangeable(바꿀 수 없는 것)'입니다.
똥은 'Uncontrollable(컨트롤할 수 없는 것)'입니다.
즉 '내가 바꿀 수 없는 것, 컨트롤할 수 없는 것은 말하지 않는다'는 뜻이죠(표현이 더러워서 정말 죄송합니다).

"아, 우리 팀에 오타니 쇼헤이가 있으면 좋을 텐데……."

이런 말을 아무리 해봤자 오타니 쇼헤이는 없으니까 아예 이런 말은 하지 말라는 겁니다. 아이를 키우다 보면 문득문득 이런 생각이 들 때가 있습니다.

> '파트너가 좀 더 적극적으로 육아에 동참해주면 좋을
>   텐데….'
> '파트너가 좀 더 돈을 벌어다주면 좋을 텐데….'
> '회사 육아휴직 제도가 좀 더 탄탄하게 갖춰져 있다면
>   좋을 텐데….'

이 외에도 일상 속에서 '○○하면 좋을 텐데'라고 생각하는 부분은 무수히 많습니다. 혹시 살면서 이런 생각이 들면 '내가 바꿀 수 있는 것인가?', '내 능력으로 컨트롤할 수 있나?'를 생각해보고, 만약 불가능하다면 입에 담지 않는 게 좋습니다. 실현할 수 없는 것을 떠올릴수록 부정적인 생각에 갇혀버릴 수 있으니까요. 힘든 일이 닥쳤을 때 극복해내는 힘을 회복탄력성(resilience)이라고 하죠. 사는 게 힘들지라도 지금 이 자리에서, 내가 할 수 있는 일부터 하세요. 신세 한탄을 하

거나 남 탓을 하거나 푸념하기보다는 지금 내가 할 수 있는 일을 하는 것. 그것이 바로 회복탄력성을 기르는 일입니다. 당신의 그런 모습을 아이가 옆에서 지켜보고 있습니다.

아무리 힘들어도,
지금 내가 할 수 있는 일에 집중하는 것.
이것이 회복탄력성을 기르는 힘이다.

아이가
내 마음을 알아줄 거라
기대하지 마라

천진난만은 아이들의 특권

아이가 인기 애니메이션 이벤트에 가고 싶다고 말하는 걸 들은 아빠.

그날은 평일이라서 살짝 눈치가 보였지만 아이를 위해서 눈 딱 감고 휴가를 냈습니다. 그리고 플래티넘 티켓을 어렵게 구하고, 여섯 시간 동안이나 운전해서 행사장까지 가서 간신히 아이의 소원을 들어주었습니다. 행사가 끝난 다음 아빠가 "어때, 재밌었어?"라고 묻자 아이는 대답했습니다.

"음, 엄청 재밌을 줄 알았거든? 근데 기대했던 것보다는 재미없었어."

　이 말을 듣는 순간 무심코 "네가 보고 싶다고 했잖아!" 하고 소리치고 싶어질 것 같은데, 여러분은 어떠신가요? 아이를 키우다 보면 아이가 좋아할 줄 알고 애써서 한 일이 헛수고로 끝나는 경우가 수두룩합니다.

　아이는 부모가 예상한 대로 반응하지 않을 수도 있습니다.

　아이는 변덕스럽고, 싫증을 잘 내고, 자신의 감정에 솔직하기 때문에 생각한 것을 그대로 말하죠. 어른이라면 상대방의 마음을 헤아려 재치 있는 말을 할 수도 있죠. 하지만 아이에게 그것을 기대하는 건 가혹한 일입니다. 부모의 눈치를 살피거나 부모에게 비위를 맞추면서 말을 가려서 하라는 것과 같으니까요.

　그러므로 애초에 '애들은 원래 다 그렇다'라고 생각하는게 좋습니다. 그러면 아이가 기대를 저버려도 불행해지지 않으니까요.

　만약 아이와 함께 뭔가를 한다면 아이의 즐거움도 좋지만 부모 스스로도 자신의 즐거움을 찾으려고 노력해보세요.

　예를 들어 아이가 공원에 가고 싶다고 하면 나도 함께 즐길 수 있는 놀이기구나 운동기구가 있는 공원을 고르거나, 놀고 있는 아이 옆에서 부부가 음료수를 마시면서 이야기를 나눌 수 있는 공원을 고르는 건 어떨까요? 즉 아이가 원하는 게 당신한테는 흥미가 없는 것이더라도, 주어진 선택지 안에서 내가 가장 즐겁게 할 수 있는 방법을 생각해보라는 말입니다.

아이가 부모의 마음까지 헤아려줄 거라고 기대하지 마라. 그러면 아이는 부모의 비위를 맞추거나 눈치 보는 존재로 전락하고 만다.

행복한 기분으로 전환하는 나만의 필살기

나를 행복하게 만드는 방법을 찾아라

아이를 키우다 보면 예상치 못한 돌발 상황이 끊임없이 벌어집니다. 가뜩이나 아이가 어떤 행동을 할지도 모르는데, 주변 사람들이 아무 생각 없이 조언을 던지면 더욱더 스트레스만 쌓일 뿐이죠.

이렇게 말하면 지나친 표현일지 모르지만 육아는 정말 골치 아픈 미션이 아닐 수 없습니다. 하지만 솔직히 이런 육아서를 쓰고 있는 저도 똑같은 사람이고 짜증이 날 때가 많습니다.

아무리 '애들이 원래 다 그렇지 뭐'라고 생각해도, 가끔씩은 진이 다 빠지고 어딘가로 도망치고 싶다는 상상을 하기도 하죠.

아마도 아이 키우는 엄마, 아빠라면 이런 생각을 하지 않는 사람은 없을 겁니다. 그래서 필요한 것이 바로 '나를 행복하게 만드는 방법'입니다. 부정적인 생각이 스멀스멀 올라올 때 행복한 기분으로 전환할 수 있는 나만의 필살기를 개발해놓는 거죠.

저희 어머니는 좋아하는 음악을 틀어놓고 잠옷 차림으로 침대에 앉아 벽을 바라보며 미동도 하지 않을 때가 있었습니다. 어린 시절, 저는 그런 어머니의 모습을 볼 때마다 '엄마가 갑자기 이상해졌다'고 생각했습니다.

어른이 되고 나서 그때 왜 그랬냐고 물어보니 어머니는 "그건 나를 되찾는 시간이었어, 지금 너는 이게 무슨 말인지 알지?"라고 말씀하셨습니다. 그 말을 듣고 저는 격하게 공감했습니다. 아이를 키우고 나서야 어린 시절 어머니가 왜 그랬는지 뼈저리게 깨닫게 된 거죠.

나를 행복하게 만드는 방법은 사람마다 다 다를 겁니다. 밖으로 나가 사람을 만나야 하는 사람, 혼자 조용히 있어야 하는 사람, 격렬한 운동이 필요한 사람, 시끄러운 콘서트장에 가야 하는 사람 등등 사람마다 다양한 방법이 있겠죠.

　힘든 육아의 여정 속에서도 종종 나 자신을 행복하게 하는 방법을 잊지 말고 실행해보시라고 조언해드리고 싶습니다. 참고로 저는 코칭 수업에서도 클라이언트에게 습관적으로 이 질문을 합니다.

　　"What makes you happy?(무엇이 당신을 행복하게 하는가?)"

　여러분도 자기 자신에게 이 질문을 종종 해보세요. 그리고 아기에게 애착 담요를 주면서 마음을 안정시키듯이, 내 마음을 안정시키는 애착 물건 혹은 그에 상응하는 특정한 행동을 정해두는 것도 좋은 방법입니다.

이것만 기억하자!　육아에 지쳐서 나가떨어지기 전에 나를 행복하게 만드는 방법이 뭔지 개발해서 실행해보자.

내가 동물이라는 걸
인정한다

나를 잘 먹이고 잘 재우자

부모가 되고 나서 왠지 나를 잃어버린 것 같다……. 삶이 공허하다……. 이런 생각이 들 때, 스스로에게 물어보세요.

'내가 좋아하는 나의 모습, 이상적인 나의 모습, 나답게 사는 건 무엇일까?'

이 질문에 대한 나의 대답은 아주 다양할 겁니다. 웃는 내가 좋다, 남에게 친절을 베푸는 내가 좋다, 새로운 일에 자꾸 도전하는 내가 좋다 등등 여러 가지가 있겠죠. 그렇다면 이번에는 또 다른 질문을 던져보세요.

> **'지금의 나는, 내가 좋아하는 나의 모습을 실현하고 있나?'**

예를 들어 웃는 내 모습을 좋아했는데, 요즘 내가 전혀 웃지 않는다면 '어떤 사건이 트리거가 되어 내가 이렇게 된 건지'를 생각해보세요.

만약 그 결과 '아이가 말을 듣지 않아서 짜증이 난다' → '그래서 요즘에는 웃음이 안 나온다'는 결론이 나왔다면 이번에는 '잘 웃는 나로 돌아가기 위해서는 무엇을 해야 할지'를 생각해보는 겁니다. 차분히 생각을 가다듬어보면 다음과 같이 마음이 정리됩니다.

> **애들이란 원래 말을 잘 듣지 않는 게 당연하다.**
> → **그런데 나는 왜 이 당연한 사실을 받아들이지 못할까?**
> → **앞으로는 애들이 말을 안 들어도 짜증 내지 말고 나의 방식을 바꿔보자.**

이렇게 마음이 정리되면 그때부터 'We 메시지'를 활용해 볼까?, '너는 어떻게 하고 싶어?'라고 말해봐야지, 라는 식으로 대화법을 개발하는 내 모습을 발견할 수도 있습니다.

그리고 이보다 더 중요한 게 한 가지 있습니다. 나라는 사람도 어차피 동물이라는 것을 인정하는 겁니다. 사람은 아무리 이성적으로 사고하려고 해도 배가 고프거나 잠을 못 자거나 너무 덥거나 너무 추우면 자신의 감정을 컨트롤하지 못할 수 있습니다. 그러므로 도저히 이성적인 추론이 되지 않는 상태라면 우선 나 자신을 잘 먹이고, 잘 재우는 것부터 해야 합니다.

원래 잘 웃던 내가 요즘 웃지 않는다면 동물의 기본적인 욕구를 충족하지 못했기 때문일 수도 있습니다. 그리고 그 욕구는 당연한 것입니다. 그럴 때는 누군가 타인에게 도움을 요청해야 합니다. 그대로 방치하면 나 자신에게도, 내 아이에게도 결코 좋지 않습니다.

내 감정은 내가 잘 챙겨야 합니다. 무조건 '아이부터'가 아니라 '나부터' 온전히 챙겨야 아이와도 좋은 대화, 좋은 관계를 이어갈 수 있다는 걸 잊지 마세요.

이것만 기억하자!

인간은 배가 고프고, 잠을 못 자면
이성적 사고가 불가능한 동물일 뿐이다.
나 자신이 동물이라는 것을 인지하고 잘 먹이고
잘 재워야 한다.

부정적인 말이 튀어나오려는 순간, 한 문장이라도 떠올려보세요

긍정의 씨앗은 단 한 문장에서 시작한다

끝까지 읽어주셔서 정말 감사합니다.

본문에서는 많이 다루지 못했는데, 마지막으로 제가 아이를 키우는 일에 대해 조금만 더 이야기할게요.

이 책을 쓰고 있는 현재, 저는 두 아이를 키우고 있습니다. 특히 저녁부터 밤까지는 정신없이 바쁘게 지내고 있습니다. 두 아이가 어린이집과 초등학교에서 돌아와 밥을 먹고, 목욕을 하고, 숙제를 하고, 양치질을 하는 등 옆에서 이것저것 도와줘야 할 일이 많거든요.

이렇게 전쟁 같은 일주일을 보내니 주말이 다가오는 금요일쯤 되면 아이들도 저희 부부도 모두 피곤에 절어 감정이 흐트러지곤 합니다. 며칠 전에는 목욕을 하지 않으려고 고집을 부리는 아들한테 "그래서 도대체 언제 목욕할 건데! 엔간히 해라 진짜!" 하고 언성을 높이고 말았습니다. 그날 밤 간신히 아이들을 다 재운 후, 이 책의 원고를 쓰는데 마침 감정에 지배되어 아이에게 화를 표출하면 안 된다는 대목이었습니다.

'내가 이런 글을 쓸 자격이 있을까?'
'독자들에게 이렇게 번드르르한 말들을 늘어놓고 현실에서 나는 과연 얼마나 잘하고 있을까?'

글을 쓰다 부끄러워진 저는 이런 생각을 하며 혼자 반성에 잠겼습니다.

지금까지 이 책에 나온 내용만 보면 글을 쓴 저는 완벽한 육아를 하고 있을 거라고 상상하는 분들이 많을 텐데, 당연하게도 그렇지 않습니다. 저도 아빠로서 매일 아이와 대화하면서 딜레마에 빠집니다. 조심한다고 했는데도 서로 상처받을 때도 있고 별거 아닌 한 마디에 서로 웃으며 마음껏 즐길 때도 있습니다.

저도 여러분과 똑같이 현실 육아라는 바다에서 헤엄치고 있는 한 사람에 불과합니다.

아이와 대화하는 것은 때론 달콤하지만 또 때로는 엄청나게 맵고 짭니다. 그러다 보니 부모로서 아무리 억제하려고 해도 부정적인 말이 튀어나올 때가 있죠. 이 책에 나와 있는 모든 조언을 곧이곧대로 현실에 적용하기에는 녹록지 않을 거라 생각합니다.

다만 너무 화가 나서 부정적인 말이 튀어나오려고 하는 순간, 이 책에서 소개했던 대화법 중 단 한 문장이라도 떠올리고 꼭 써먹어보세요. 당신이 그렇게 변하기 시작하면 아이의 반응도 점점 달라질 거라 저는 확신합니다.

그렇게 한 번, 두 번 당신이 아이에게 긍정의 씨를 뿌리면 머지않아 싹을 틔우고, 1년, 2년, 그리고 10년 후에는 훨씬 더 큰 열매를 맺을 겁니다. 당신이 아이와 함께 그 열매를 맛보는 달콤한 순간이 오기를 기원하며 이 책을 마치겠습니다.

2024년 8월
하야시 겐타로

하야시 겐타로 林健太郎

대화 코칭, 기업 코칭 전문가이자 리더 육성가.
합동회사 넘버투 이그제큐티브 코치. 일반사단법인 국제코치연맹 일본지부
(당시) 창립자.
1973년 도쿄 출생. 반다이, NTT 커뮤니케이션즈 등에서 일한 후, 일본에서
이그제큐티브 코칭 분야를 개척한 앤서니 클루커스(Anthony Clucas)와 만
나게 되는데, 이 일을 계기로 자신도 프로 코치가 되기 위해 해외 연수를 떠
난다.
귀국 후, 2010년 프로 코치로서 독립한 그는 활발한 활동을 이어 가고 있다.
2016년에는 필립모리스사의 의뢰를 받아 200명 이상의 관리자를 대상으로
코칭 교육을 실시했으며, 그 후에도 꾸준히 대표적인 대기업과 외국계 기업,
벤처 기업과 가족 경영 회사까지 800여 명의 경영자 및 직장인 들을 코칭하
고 있다. 기업 교육 강사로서도 활약하고 있는 그는 페라리사의 일본 공인 강
사를 8년 동안이나 역임하고 있다.
15년 동안의 코칭 경험을 살려 쓴 『아무도 상처받지 않는 대화법』이 15만 부
넘게 팔리면서 대화법 전문가로 큰 주목을 받고 있다. 『아이가 상처받지 않
는 대화법』(원제: 子どもを否定しない習慣)은 그 후속작으로 상사와 부하 직원의
관계가 부모와 자녀의 관계와 비슷한 점에 착안해서 쓰게 된 책이다. 저자는
많은 부모들이 아이에게 동기 부여를 해주기 위해 억지 칭찬을 하거나 훈육
을 위해 에너지를 쓰고 있는데, 이보다 더 중요한 것은 아이의 말을 부정하지
않는 태도라고 강조하고 있다. 이 책은 아마존 종합 27위, 자녀교육 1위에 몇
달 동안 올랐으며 누적 4만 부가 넘게 판매되며 지금도 많은 부모들 사이에
서 회자되고 있다.
https://number-2.jp

작가의 한마디 :
너무 화가 나서 부정적인 말이 튀어나오려고 하는 순간,
이 책에 나온 대화법 중 단 한 문장이라도 꼭 써먹어보세요.

민혜진

한때는 인세로 밥 먹고 사는 글쟁이의 삶을 꿈꿨지만, '박제가 되어버린 천재를 아시오?'로 시작하는 이상적인 소설을 읽고 일찌감치 포기했다. 그 후 글 다루는 일로 눈을 돌려 편집자로 밥벌이하며 지내다가 현재는 해외의 좋은 책을 기획하고 번역하는 일을 업으로 삼고 있다. 옮긴 책으로는 『아무도 상처받지 않는 대화법』, 『아이가 상처받지 않는 대화법』, 『내 감정이 우선입니다』, 『한마디 먼저 건넸을 뿐인데』, 『나를 죽이는 건 언제나 나였다』 등이 있다.

최소한 부정하는 말만 버려도
놀라운 일이 벌어진다

아이가
상처받지 않는
대화법

1판 1쇄 인쇄 | 2025년 4월 8일
1판 1쇄 발행 | 2025년 4월 15일

만든 사람들
지은이 | 하야시 겐타로
옮긴이 | 민혜진
기획 · 편집 | 박지호   마케팅 | 김재욱
디자인 | design PIN

ISBN 979-11-989025-4-2 03590

펴낸이 | 김재욱, 박지호
펴낸곳 | 포텐업
출판등록 | 제2022-000323호
주소 | 서울시 마포구 월드컵로7안길 20 302호(04022)
전화 | 070-4222-1212 팩스 | 02-6442-7903

원고 투고 및 독자 문의 | for10up@naver.com
인스타그램 | @for10up
블로그 | https://blog.naver.com/potenup_books
포스트 | https://post.naver.com/potenup_books